金型設計者
1年目の教科書

落合孝明 著

日刊工業新聞社

はじめに

　自分は金型設計会社の2代目です。今から約10年前に父の会社に入りました。

　学生時代は化学を専攻していたこともあって、入社当時は金型のかの字も知らないド素人からのスタートでした。勉強のために金型関係の書籍をいろいろと読み漁りました。ところが、自分の理解力がないせいでしょうか、どの本を読んでもなかなか頭にすんなりとは入ってきませんでした。

　今回、金型設計を一から学ぶ人のための本の企画をいただき、そんな当時の自分だったらどのような本が読みたかったのか、そのようなことを考えながら本書を執筆しました。

　自動車、家電、文具、雑貨など、世に出回っているプラスチック製品の多くは射出成形という手法で成形された製品であり、射出成形をするためには金型が必要になります。

　射出成形金型そのものが表に出ることはめったにありませんが、産業にとって非常に重要な分野といえます。

　そんな重要な分野である金型の設計について限りなく内容を噛み砕いて、正真正銘一から金型を学ぶ人が理解できるような内容をこころがけました。

　本書がこれから金型設計を学ぶ人のお役に立てば幸いです。

　なお、この本を執筆するにあたり、(株)ミヨシ、アイティメディア(株)MONOist編集部をはじめ、非常に多くの方からご助言をいただきました。この場を借りてお礼申し上げます。

2014年3月

落合　孝明

目　　次

はじめに ……………………………………………………………………… 001

序章　金型設計という仕事

0-1　さあ、新製品を作ろう！ ……………………………………………… 006
0-2　そもそも金型って何だ？
　　　―金型の種類と役割 …………………………………………………… 009
0-3　製品ができるまでと金型設計者の役割 ……………………………… 013

1章　射出成形金型って何？

1-1　金型にはどのくらいの力がかかるのか？ ………………………… 020
1-2　2プレート金型のしくみ ……………………………………………… 025
1-3　2プレート金型の動作 ………………………………………………… 029
1-4　3プレート金型のしくみと動作 ……………………………………… 034

2章　用途にあった樹脂材料を選定する

2-1　樹脂の種類を把握しよう …………………………………………… 038

3章　金型を考慮した製品設計とは？

3-1　試作品と量産品の違いは？
　　　―製品設計における注意点 …………………………………………… 044
3-2　抜き勾配 ………………………………………………………………… 046
3-3　肉厚 ……………………………………………………………………… 055
3-4　パーティングライン …………………………………………………… 059

3-5	アンダーカット	063
3-6	角R	068
3-7	公差	073

4章　はじめての金型設計

4-1	最低限これだけは確認してから設計する ―金型設計前の確認事項	080
4-2	樹脂の通り道を設計する	089
4-3	製品の分割位置を設計する	095
4-4	金型の温度調節を設計する	102
4-5	製品を取り出すための設計をする	108
4-6	普通では抜けない形状を処理する	118
4-7	その他の部品を設計する	134
4-8	最後に完成した図面をチェックしてみる	140

5章　設計者のための加工の基礎知識

5-1	その形状は金型で加工できるのか？	144
5-2	工作機械の種類	149

6章　金型が完成、いよいよ成形

6-1	ついに量産へ	152
6-2	不具合対策について検討してみよう	154

索引		165
参考文献		167

登場人物紹介

滑川（なめりかわ）
モノづくり系ベンチャー企業に勤める新人デザイナー

落守（おちもり）
金型メーカー「エム金型」に勤める金型設計者。10年目の中堅

木杉（きすぎ）
新人金型設計者。落守の部下

剛山（ごうやま）
金型メーカー「エム金型」に勤めるベテラン成形技術者

金型メーカー「エム金型」

序章　金型設計という仕事

0-1　さあ、新製品を作ろう！
0-2　そもそも金型って何だ？
　　　―金型の種類と役割
0-3　製品ができるまでと金型設計者の役割

0-1 さあ、新製品を作ろう！

滑川くんはモノづくり系のベンチャー企業に勤める新人デザイナーです。このたび自社商品の企画として測定器を作ることになりました。

> ええと、この測定器は何を測定するんだっけ？？？（図表0-1）

とにかく、デザインが決まり、製品内部の基板が決まり、全体の仕様も決まり、試作もクリアーし、残すは量産のみです。

> ふう、あともう少しで完成だな。それにしても一つの製品を作るのがこんなに大変だったとは思わなかったな…。

企画が立ち上がったのはかれこれ1年前…。

> 初めて一から任されて意気揚々としてたのはよかったんだけど、初っ端のデザインレビューでいきなりコテンパンにやられたんだよなあ…。

デザインレビューとは売れる商品を作るために、デザイナーや設計者が作成

図表0-1　測定器の外観

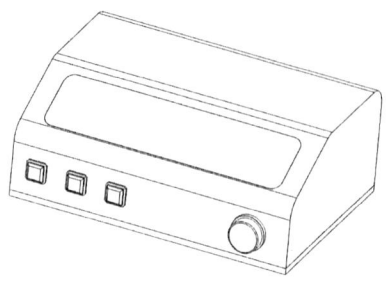

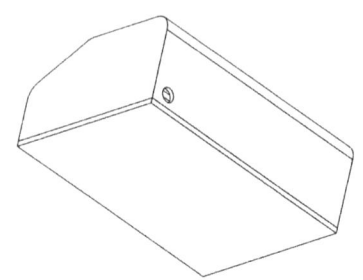

序章　金型設計という仕事

した素案に対して、製造、資材、営業、サービスといった各部門の人々がそれぞれの立場から評価し、意見を述べる場のことをいいます。Design Review の頭文字をとって DR と略されたりします。製品を作るとき、まずはこのデザインレビューを繰り返します。デザインが承認されると次は試作を製作し、それを検証します。

　今回の測定器は中身に入る基板によって大きさが左右されるので、まずは基板を検証しました。検証を終え、中身の基板がある程度決まった段階で、それに合わせて外装を設計し試作を製作します。試作品はデザイン、機能の両面から検証します。

　このような試作・検証をひたすら繰り返し、ようやく満足のいく試作品が完成しました。

　こうして、基板関連の量産体制は整ったので、あとは外装部品の量産体制を整えるだけとなりました。

いや〜、いよいよだなぁ。ボタン関係は購入品だし、あとはカバーとベースの 2 つのプラスチック部品の量産体制を整えるだけだ♪（図

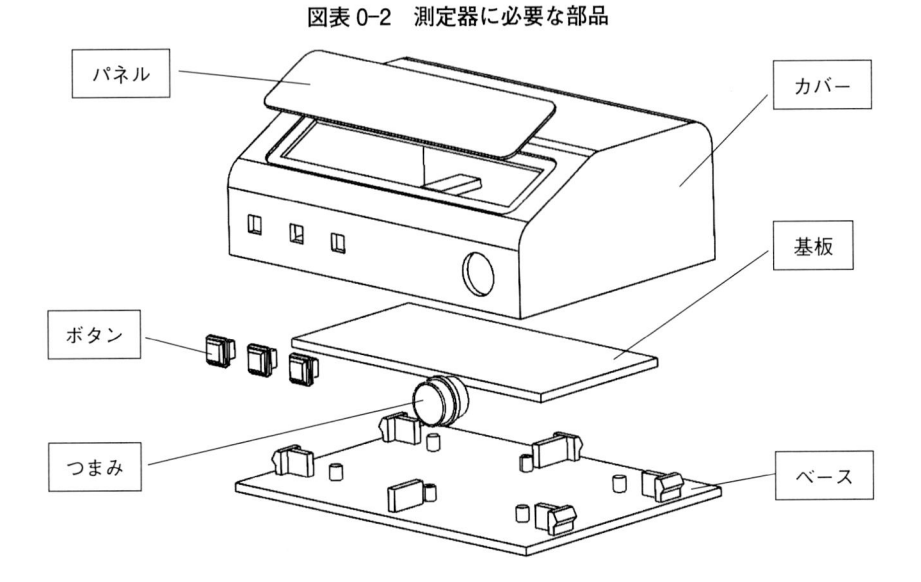

図表 0-2　測定器に必要な部品

表0-2)

　プラスチックの製品を量産するためには金型が必要になります。
というわけで、滑川くんは会社で懇意にしている金型屋さんに向かいました。
　実は滑川くんは金型についての知識はまったくありません。

　　　まあ、製品形状も決まっているし、なんとかなるだろう。

などと軽く考えていたのでした…。

キーワードをおさえよう!

デザインレビューとは…

　売れる商品を作るために、デザイナーや設計者が作成した素案に対して、製造、資材、営業、サービスといった各部門がそれぞれの立場から評価し、意見を述べる場のこと。Design Reviewの頭文字をとってDRと略されることもある。

0-2 そもそも金型って何だ？ ―金型の種類と役割

試作を終えて、量産をするために金型メーカーへ来た新人デザイナーの滑川くん。すんなりと量産に入れると思っていたのですが…。

　こんにちはー。

　はい？

　先ほどご連絡しました滑川と申します。

　ああ、聞いてるよ。なんでも量産に向けて金型を起こしたいとか。私はエム金型の落守と申します。

　よろしくお願いいたします。今回、お願いしようとしている製品ですが、試作・検証は済んでいます。いよいよ量産になります。アセンブリされる基板などの他の部品はもう目途がついていますので、あとは外装を金型で製作するだけです。

　なるほど。うちにご依頼いただいたということは、射出成形金型。要するに、製品はプラスチックだね？

　はい、プラスチックです。あれ？金型といえばプラスチックではないのですか？？？？

　いや、そうとは限らないよ。いいかい、そもそも金型というのは、金属の塑性（伸びたり曲がったりする性質）やプラスチックの流動性といった材料のさまざまな性質を利用して製造する型の総称をいうんだ。だから単に金型といっても材料は樹脂とは限らないし、実は樹脂を成形する金型にもいろいろな種類がある。

　そうなんですね。

その種類をざっと説明すると**図表 0-3** のようになる。
他にもまだいくつか種類はあるけどとりあえずはこんな感じかな。

はあ〜、なるほど。一口に金型といってもいろいろとあるんですね。

そうなんだ。そして金型の種類が違えば、金型の構造はもちろん、加工などのさまざまなノウハウも変わってくる。

うちは射出成形金型に関しては実績があるけれど、プレス金型については作ったことがないといった具合にね。

たい焼きを焼く型でたこ焼きが作れないような感じですかね？

（それは全然違うと思う…）
ところで滑川くんは金型に関してはどの程度知っているのかな？

いや〜、恥ずかしながらまったく知識はないです。

でも、もう製品の形状は決まっていますし、これを金型にしていただくだけなので知識がなくても問題ないですかね…。

それは甘い（きっぱり）。

…あ、やっぱりだめですか（汗）。

そもそもなんで金型を作るんだろう？金型の役割ってなんだと思う？

えーと、大量生産するために必要なものですよね…。

そう、その通り。同じものを大量に作るために必要なのが金型なんだ。
例えば、たい焼き。たい焼きを一つひとつ丁寧に焼いていたら時間はかかるし、当然コストもかかるよね？安価に市場に提供するためには一度に大量に焼き上げる必要がある。だからこそ、たい焼きにはたい焼きの型が必要不可欠で、あの型を使って一度に大量に焼くことで今の価格で市場に提供できるわけだ。

序章　金型設計という仕事

図表0-3　金型材料の種類

金型の種類	特徴・用途
射出成形金型	射出成形機に取り付けられた金型により、プラスチック材料の溶融から射出、冷却を行うことにより形状を作る。自動車や家電、携帯電話の外装など、多くのプラスチック製品に用いられている
ブロー成形型	空気などのガスを原材料に噴きつけて金型に押し付け、製品を作る金型。ペットボトル、ガラス瓶などに用いられる
プレス金型	材料である鋼板、非鉄金属などに対して抜き、曲げ、絞りなどの加工をするための金型。ほぼ均一な厚みのものを加工するのに適している。自動車、家電、雑貨など多方面にわたる部品の製造のために利用されている
鍛造用金型	棒網材、非鉄金属などを材料として自動車の重要保安部品、建設機械部品などの製造のために用いられている。加工される部品の主なものに自動車のクランクシャフト、オートバイ部品、ジェット機のファンなどがある
鋳造用金型	シェルフモールド、ロストワックス、重力鋳造、圧力鋳造などの各種金型に分類され、アルミ合金などを材料として、工業用部品、建設機械部品、農業機械部品などの製造に用いられる
ダイカスト金型	鋳造型の一種で、溶融させた金属を直接金型に注ぎ込んで鋳造を行い形状を作る。材料であるアルミ合金、亜鉛合金などを加工し、自動車、精密機械、家電などの部品を製造するために用いられる
押し出し金型	アルミサッシのレールなどの長尺物の成形を行う。アルミやプラスチックなどの母材を目的形状の断面を持つ押出しダイスに対し押し付けることで、均一断面の長尺製品を作成する
回転成形型	マンションの屋上にあるような大型タンク容器・ローリータンクなどの大型ポリタンク製品を作るための金型。金型を熱し粉末状の材料を入れ、金型自体を回転させて成形させる

それと同じで、自動車、家電、日用品、玩具やOA機器、雑貨、文房具など、世に出ているさまざまな大量生産品を一つひとつ丁寧に作っていくのはあまりにも非効率だしコストも上がってしまうよね。だから、世に出ている大量生産されている品物には原則として金型が必要になるんだ。

　金型そのものは最終製品ではないのであまり目にする機会はないかもしれないし、意識することはないと思うけど、我々の生活を陰ながら支えてくれているのが金型といえるんだ。

　なるほど。金型って大切なんですね。でも、お言葉を返すようですが金型が大切だということはわかりますが、金型に関する知識は特になくてもいいような気がするのですが…（おそるおそる）。

　だから、それは甘い（きっぱり）。

　ああ、またいわれた…。

キーワードをおぼえよう！ アセンブリ（asseembly）とは…

生産工程のうち、組立工程のことをいいます。また、転じて組立てられた製品そのものを指す場合もあります。今回の測定器では、外装部品、基板、ボタンはもちろん、配線なども組立てられた状態のことを指します。一般的に「アッシー」（Assy）などと略して表現されます。

0-3 製品ができるまでと金型設計者の役割

試作品と量産品では、その製作過程がまったく異なります。滑川くんは試作品と量産品の違いから教えてもらいました。

　製品を作る過程をモノづくりの目線で見てみると、ざっと**図表0-4**のようになるよね。

　はい、大体そんな流れですね。その中の試作品の検証まで（図表0-4中の5まで）はすでに終わっています。今回お願いするのは試作

図表0-4　モノづくりの工程

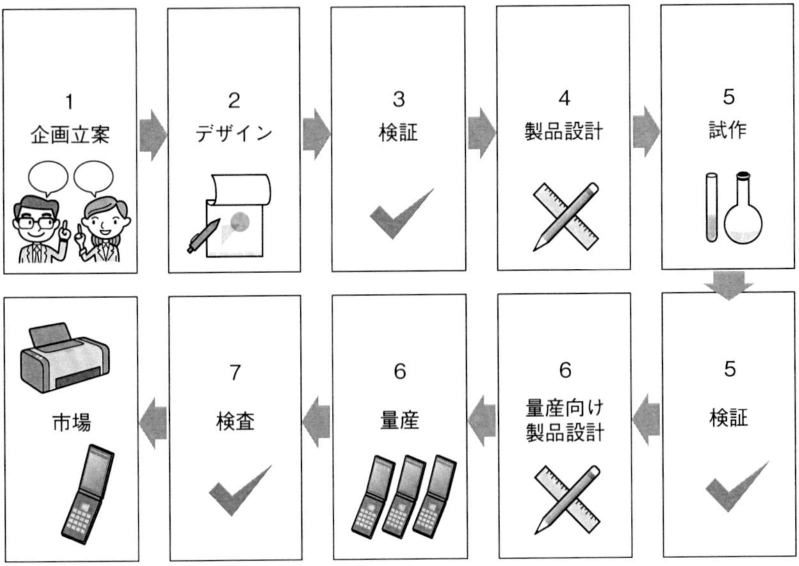

| 1 企画立案 | 2 デザイン | 3 検証 | 4 製品設計 | 5 試作 |

| 市場 | 7 検査 | 6 量産 | 6 量産向け製品設計 | 5 検証 |

1. まずは企画が立ち上がる
2. 立ち上がった企画に応じて、外観および機能のデザインを進める
3. できあがったデザインをもとに検証をおこなう
4. 検証で承認されたデザインをもとに製品設計・試作品製作を実施する
5. 満足する仕様を得るまで試作・検証を繰り返す
6. 仕様を満たす試作品が完成したら、量産に移行する
7. 完成した量産品を検査し問題がなければ市場に販売する

品を量産に移行する過程です。

そういうことだね。で、今回の製品はプラスチック。要するに樹脂の製品になるから、射出成形金型といわれる樹脂を成形するための金型を製作し、量産体制を立ち上げるわけだよね。

おっしゃる通りです。

さて、ここで気を付けなければいけないことがある。それは試作品と量産品ではその製作過程がまったく異るということ。ちなみに試作品はどうやって製作したのかな？

今回は 3D プリンターで作りました。

なるほど、実は試作でできたことが量産ではできないとか、難しいなんてことはざらにあるんだ。それから、試作品に従って金型を製作したら、コストが大きく上がってしまう可能性も高い。試作品は何個作ったの？

全部で 3 個です。

量産品は初回何個必要なの？

今のところ初期ロット 5,000 個の予定です。

試作品と量産品では必要な数量からして桁違いだよね。仮に 5,000 個全部を試作品と同じように 3D プリンターで作ったら、ものすごいコストになってしまう。金型であれば、初期コストの金型代は決して安くはないけれど、その後の成形にかかるコストは 3D プリンターで製作した製品に比べて段違いに安くなる。なので量産するには金型でという流れになるわけだね。

そして今回に関しては試作品を 3D プリンター、量産品を金型と製作方法がまったく違うよね？

3D プリンターに関しての細かい話は今は省略するけれど、製作方法が違うわけだから、試作から量産へ移行する際に注意するべき点も変わってくるし、

場合によっては量産用に製品形状を修正する必要があるんだ。（**図表 0-5**）

　ええええ！！製品形状を変えてしまうのですか！！！！！！！！

　そう。実はほとんどの場合は、試作から量産に移行する際には量産向けの製品に設計しなおす必要がある。当然その際にはデザイナーさんと金型設計者と打ち合わせが必要になってくるわけだ。ここでもし相手のデザイナーさん、まあ今回は滑川くんが金型のことを知っていてくれれば話は早いよね。

　そりゃあ、そうですね。

　製品設計やデザインを進めるうえで、金型の知識がある程度あればどういった形状にすれば金型で製作しやすくなるのか？コストが下がるのか？コストを優先した形状にするのか？それともデザイン・機能を優先した形状にするのか？ということがわかるようになってくるんだ。

　なるほど、それで金型の知識があったほうがよいとなるわけですね…。

　そういうことだね。

　難しそうですね…（大汗）。

　折角のいい機会だから、樹脂製品において試作品から量産品に移る際に注意するべき点は何か？射出成形金型向けの製品設計で気を付けるべき点は何か？といった、量産向けの製品設計について勉強してみようか？

　本当ですか！！ぜひお願いします！！

図表 0-5 測定器 ベース／カバー 製品図

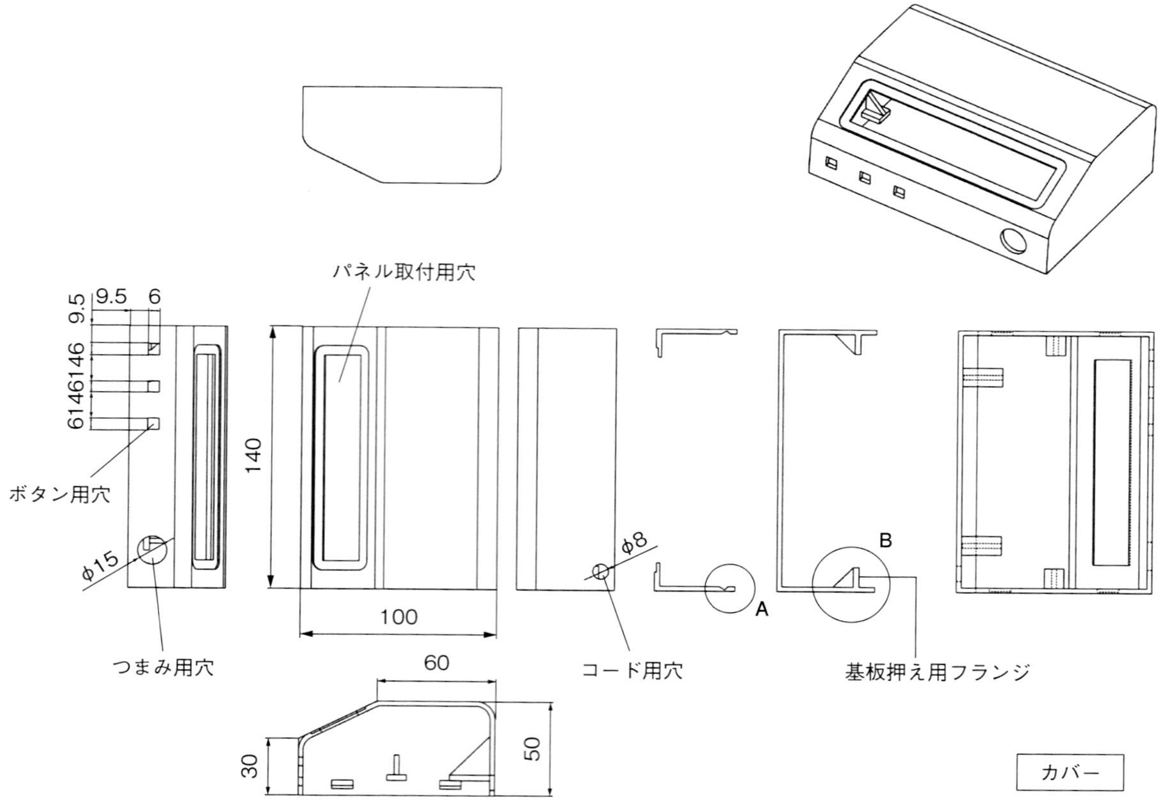

序章　金型設計という仕事

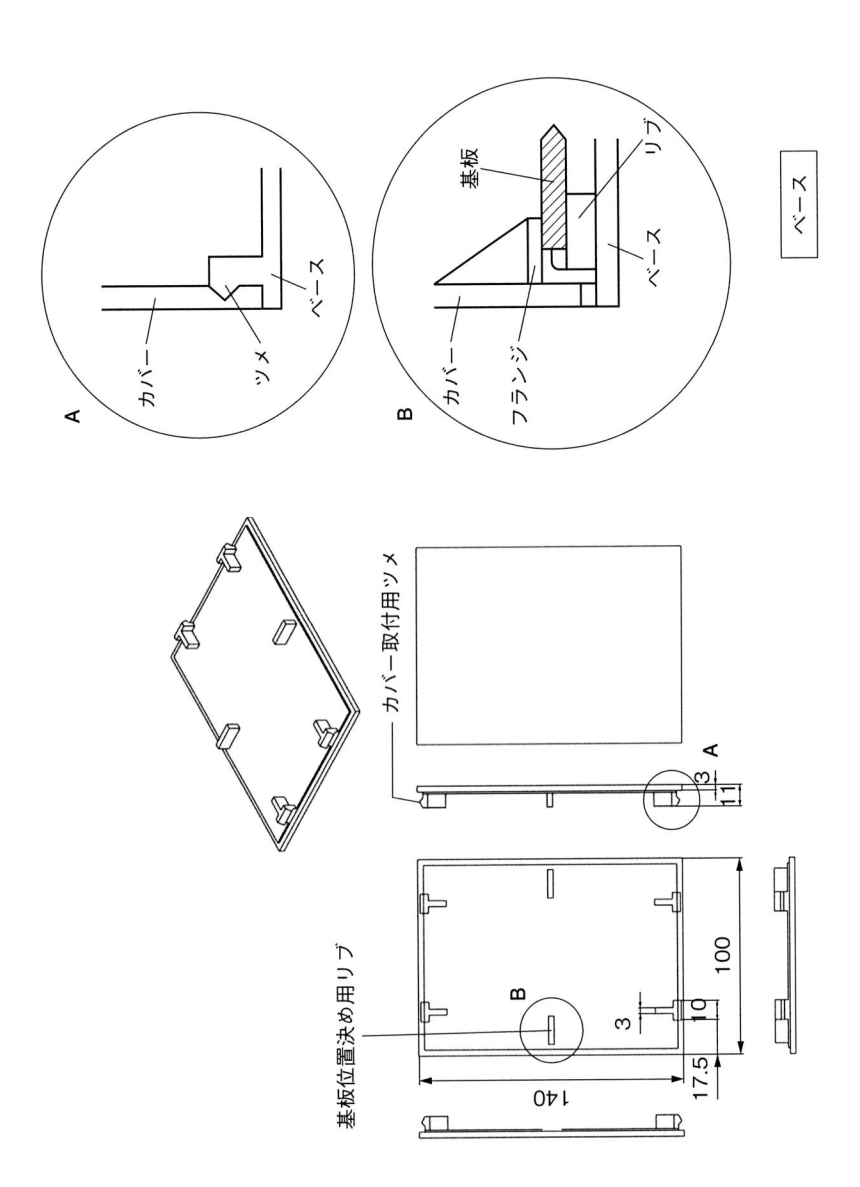

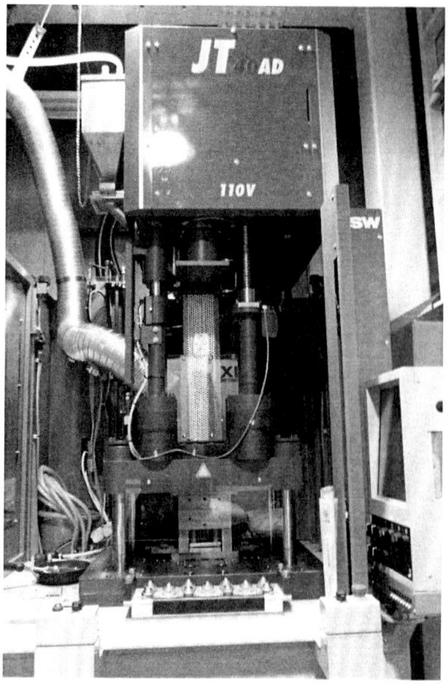
110V
SW

1章　射出成形金型って何？

1-1　金型にはどのくらいの力がかかるのか？
1-2　2プレート金型のしくみ
1-3　2プレート金型の動作
1-4　3プレート金型のしくみと動作

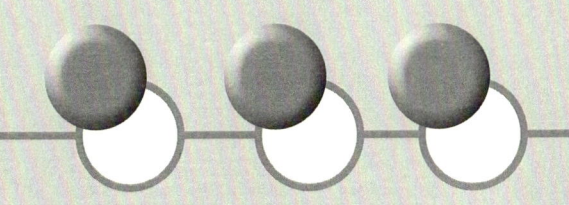

1-1 金型にはどのくらいの力がかかるのか？

量産するということは金型で製品を成形することになります。そこでまずは金型について簡単に把握することになりました。

さて、これから量産向けの製品設計について詳しく説明していくわけだけど、モノを大量に生産するには金型が必ず必要だ。なので、量産用の製品設計をするためには、金型の知識が必要になってくる。

それはそうですね。

というわけで、金型について説明していくね。
さっきもいったように金型にはいろいろな種類がある。今回行うのが樹脂を成形する方法の1つである射出成形で、使うのは射出成形金型。

モノを大量生産するためには金型が必須になってくる。そういう意味で金型とは非常に重要なものといえる。とはいえ、金型自体は商品ではなく、あくまで商品を作り出すための器でしかない。それ単体では何の役にも立たない。射出成形金型は射出成形機に取り付けて初めて金型として機能するんだ。

射出成形機ですか？

射出成形機というのは、樹脂を金型に向かって射出し製品を成形する機械のことをいうんだ。金型は射出成形機に取り付けられなければまったく意味がないものになってしまう。

金型を設計する場合には、単に製品のことを考えるだけではダメで、射出成形機のことも考えなければならないんだ。

その射出成形機がこれだ。（図表 1-1）

おお！なんかかっこいいっすね！！

1章　射出成形金型って何？

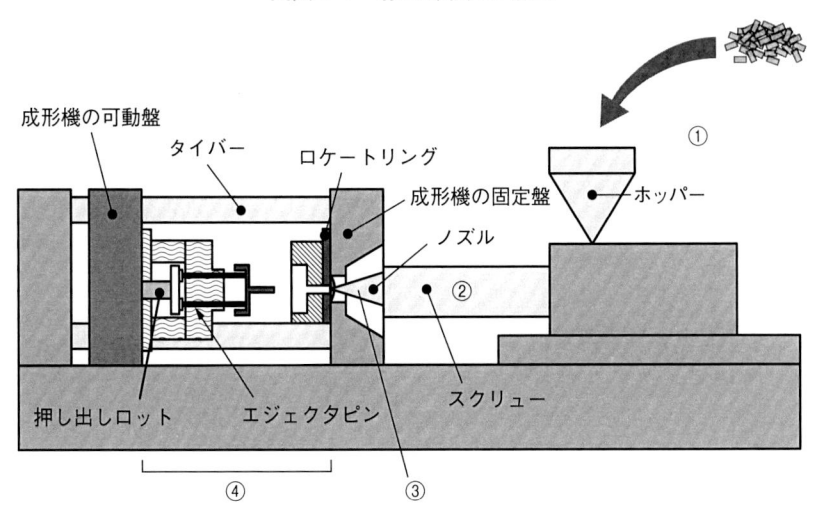

図表 1-1　射出成形機の構造

（図：成形機の可動盤、タイバー、ロケートリング、成形機の固定盤、ホッパー①、ノズル、スクリュー②、押し出しロット、エジェクタピン、③、④）

　　…そっそうかい？この射出成形機の役割を樹脂の動きでざっと説明するよ。

|射出成形機の役割|

①乾燥して十分に水分を飛ばした状態のペレット状の樹脂原料を射出成形機に入れる
②樹脂はスクリュー内で熱せられ、固体から液体に変わる
③液体になった樹脂は、ノズルから金型へ射出される
④金型内で樹脂が充填・冷却固化されると金型が開く
⑤金型から製品を取り出した後、型を閉じ再び成形を繰り返す

　　この動作の繰り返しでいろいろな製品が生産されていくんですね。

そういうことだね。射出成形機はいろいろなメーカーから販売されているけれど、基本的には型締力と呼ばれる金型を締め付ける力によって種類を分けることができる。例えば、400トンの成形機といったら、400トンの力で金型を締め付けられるという意味になるんだ。

よっよんひゃくとん…そんなにすごい力が必要なんですか？

うん、いい質問だね。金型に樹脂が射出されるときには金型を開く方向にものすごい力がかかるんだ。それを抑えるために射出成形機にそれなりの力が必要ということになる。

具体的にどのくらいの力がかかるか、わかるものなんですか？

今は解析ソフトが発達しているから、そのソフトに製品形状を読みこませればどのくらいの力がかかるか知ることができるよ。

あ、そうなんですね。なら、今回の製品もそのソフトを使えば簡単にどのくらいの力がかかるかわかるわけですね。

…まぁ、うちにはそんなソフトないけどね…ボソボソ。

え？何かいいましたか？？

はははは、うちにはそんなソフトはないんだ。

ええ！！じゃあ、どうやって力を求めるんですか！！！

長年の勘だね。

まじですか…。

うわ〜、すごい白い目…半分本当で、半分ウソだよ。

1章　射出成形金型って何？

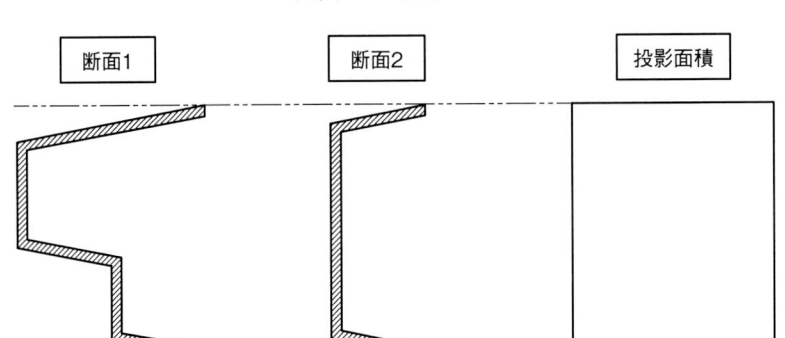

図表 1-2　投影面積

断面1　　　　断面2　　　　　　投影面積

👦 どういうことですか？

👨 その製品が射出時に金型に対してどのくらいの力が働くのかは、製品の投影面積から求めることができるんだ。

👦 投影面積ですか？

👨 製品を金型に配置したときの金型平面に対する製品の面積のことだよ。図にするとこんな感じ（**図表 1-2**）。

👦 あれ？この図で見ると、2つの製品の高さはかなり違いますけど投影面積は同じですよね？製品の高さは関係ないんですか？？

👨 うん、今回問題になるのはあくまで投影面積であって高さは関係ない。この投影面積に射出成形機から射出される樹脂の圧力をかけ合わせると、金型にかかる樹脂の力を求めることができるんだ。式にするとこうなる。

製品の投影面積（cm^2）×射出される樹脂の圧力（kgf/cm^2）
　　　　　　　　　　＝金型にかかる樹脂の力（kgf）

🧑 なるほど自分で計算できるわけですね。

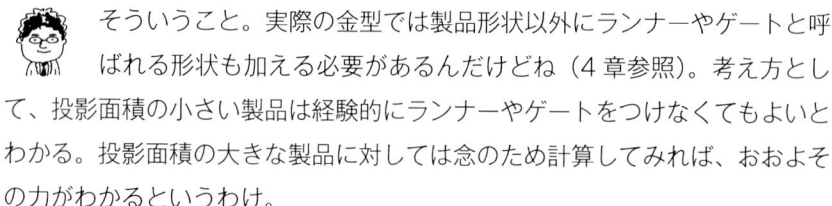

👨 そういうこと。実際の金型では製品形状以外にランナーやゲートと呼ばれる形状も加える必要があるんだけどね（4章参照）。考え方として、投影面積の小さい製品は経験的にランナーやゲートをつけなくてもよいとわかる。投影面積の大きな製品に対しては念のため計算してみれば、おおよその力がわかるというわけ。

🧑 ちなみに、この金型にかかる樹脂の力が成形機より大きいとどうなってしまうんですか？

👨 型開力は金型を開こうとする力だから、成形機の力が足りなければ、射出時に金型が開いてしまう。そうなると当然、うまく製品を成形することができなくなってしまう。そうならないためにも、製品に対して十分な力を持つ成形機で成形を行わなければならいんだ。

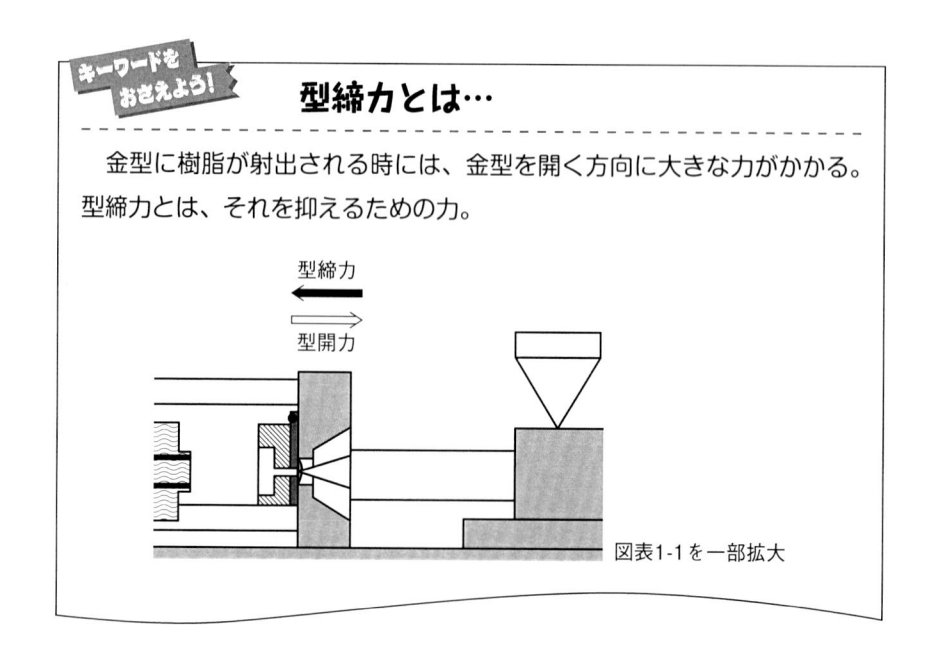

キーワードをおさえよう！

型締力とは…

金型に樹脂が射出される時には、金型を開く方向に大きな力がかかる。型締力とは、それを抑えるための力。

図表1-1を一部拡大

1-2 2プレート金型のしくみ

射出成形金型にはどんな種類があるのか。その構造から見てみます。

　さて、いよいよ金型の構造について説明していくよ。

　よろしくお願いします。

　まず、金型にはその構造から大きく2プレート金型と3プレート金型2つに大別できる。まずは、2プレート金型から説明していくよ。

　図表1-3が「固定側型板」と「可動側型板」の2枚の主要なプレートで構成される「2プレートタイプ」と呼ばれる金型の基本形だ。金型断面図で、各部位についておおまかに説明すると**図表1-4**のようになる。

　図表1-4-②の1〜9のような金型の外周部を構成する部品のことを「モールドベース」というんだ。このモールドベースには、さまざまなメーカーから規格化されたサイズの物が市販されている。

　例えば、モールドベースで2030といえば主型のサイズが200mm×

図表1-3-①　2プレート金型〜閉じた状態

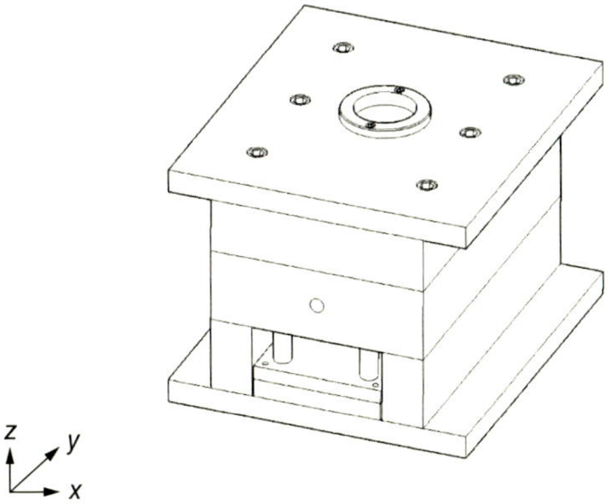

図表1-3-②　2プレート金型〜開いた状態

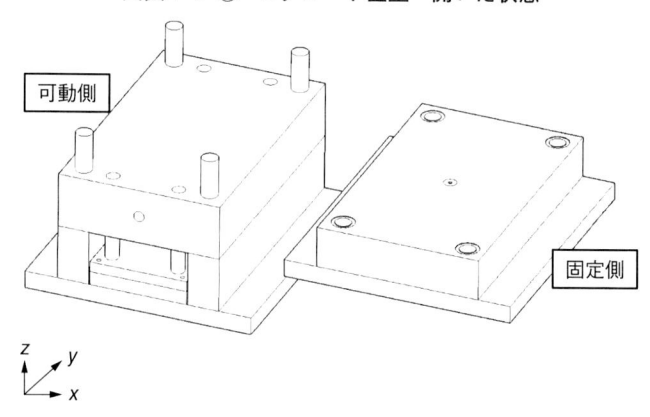

可動側

固定側

図表1-4-①　金型の各部位

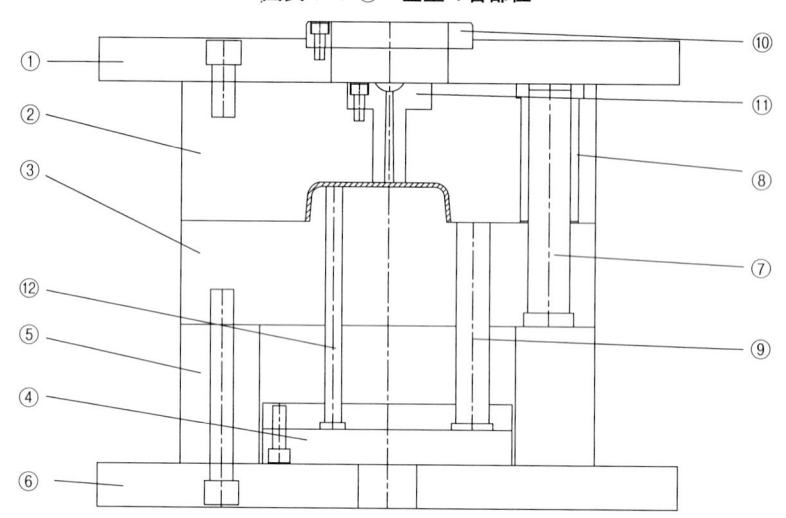

300mmの大きさのモールドベースということになる。

　製品の大きさによっては、市販のモールドベースで納めることで、短納期化や低コスト化が可能になる。だから、製品の大きさが市販のモールドベースで収められるなら市販のベースを活用したほうがよい。

図表1-4-② 金型の各部位の名称と役割

1	固定側取付板	固定側型板（下記）をセットして、成形機の固定盤（樹脂の射出側）に取り付けるためのプレート	
2	固定側型板 （固定側主型）	金型の本体を構成する主要部分で、主に成形品の外観・表面となる部分を形成する。「雌型」「キャビティプレート」とも呼ばれる	モールドベース
3	可動側型板 （可動側主型）	固定側型板と同じく金型の本体を構成する主要部分。主に成形品の内面を形成する。「雄型」「コアプレート」とも呼ばれる	
4	突出板 （エジェクタープレート）	一般に上板と下板の2枚で構成されている。上板に突出ピンやリターンピンなどをセットし、下板でそれらを裏から押さえて固定する。この突出ピンなどを取り付けた突出板を成形機のエジェクタ装置で突上げることで成形品を取り出す	
5	スペーサーブロック	突出板が、突出し作動をするための空間を保つためのプレート	
6	可動側取付板	可動側型板、スペーサーブロックなどとセットして成形機の可動盤に取り付けるためのプレート	
7	ガイドピン	金型の開閉時に固定側と可動側の位置を合うようにするピン	
8	ガイドブッシュ	ガイドピンがはまり合うブッシュ	
9	リターンピン	突き出された突出板を元の位置に押し戻すためのピン。金型が閉じるとき、固定側型板を最初に当てることで、突出板を元の位置に戻す。突き出しのバランスを保つ役目もある	
10	ロケートリング	金型を成形機へ取り付ける際に位置決めするためのリング。金型より凸状に突き出したリングを成形機の固定盤中央に開いている穴に合わせる。	
11	スプルーブッシュ	ここから金型に材料である樹脂が射出される。成形機のノズルがタッチする部分であり、摩耗が激しいので、直接金型に加工せず交換可能な別部品構造で対応する。	
12	突出ピン （エジェクターピン）	成形品を金型から離形・突き出しするためのピン。突き出し方法についてはピン以外の機構もある。	

😀 このモールドベースで、金型の構造はすべて賄えるのですか？

😀 いいところに気が付いたね。残念ながら金型を構成する部品は市販のモールドベースだけでは成立しない。図表 1-4 の 10〜12 のような部品が必要になる。

😀 これらの部品で今回のカバーとケースの金型ができるんですね。

😀 あ、ごめん。今回作る金型はこの部品だけでは成立しないんだ。

😀 え？

😀 さっきもいったけど、この部品はあくまで金型の基本部品で必要最低限の部品なんだ。金型の大きさや製品の構造に応じて、さまざまな部品が必要になってくる。図表 1-4 の部品だけで金型が成立する場合もあるけれど、それはまぁまれかな。

😀 あぁ、そうなんですね…。

😀 もちろんその辺の細かい設計はうちでやるから安心してよ。

😀 よっよろしくお願いいたします！

😀 何はともあれ、このように金型にはさまざまな部品が使われている。これらの部品は自社で製作する場合もあるけれど、モールドベースと同じく、国内外の多くのメーカーから市販品が販売されているのでそれを使うこともある。

1-3 2プレート金型の動作

2プレート金型の構造を知った滑川くんは、次にその金型がどのように動くのか落守さんに教えてもらいます。

> さて、金型の基本構造がわかったところで実際、金型がどのような動きをするのか見てみようか。

> お願いします！。

> ①まずは、金型が閉じている状態（**図表 1-5**）
> ②そこに、成形機から樹脂が射出される。この時の樹脂は高温の液体（**図表 1-6**）

③樹脂を冷却固化した後、型を開く。このとき製品は可動側につく（**図表 1-7**）
④突出機構により、製品を金型から引き離す（**図表 1-8**）

　突出機構にもいろいろな種類があるけれど、ここで使われているのは最も一般的な断面の丸いピンを用いている。このピンを動かしている板が突出板で、

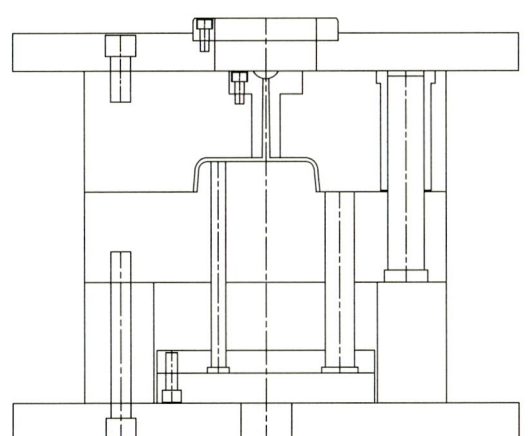

図表 1-5　金型の動き①〜閉じている

図表 1-6　金型の動き②〜樹脂の射出

↓樹脂が射出される

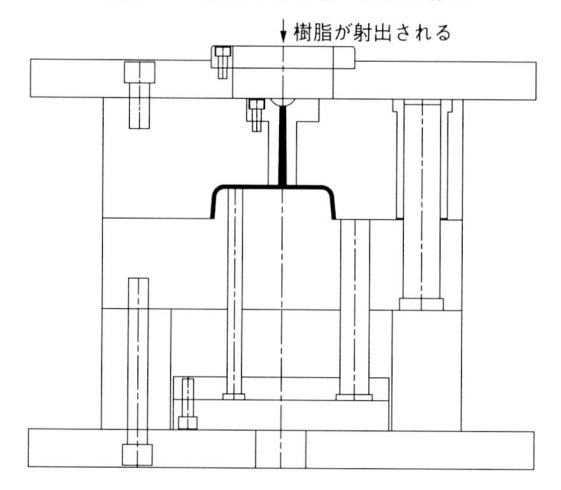

図表 1-7　金型の動き③〜開く

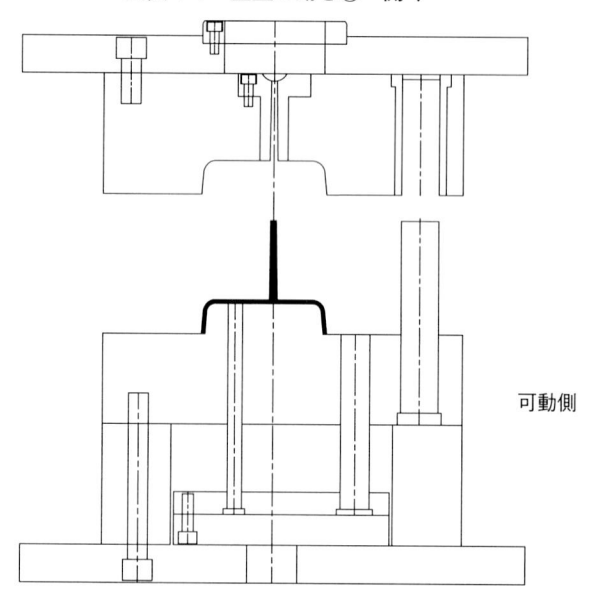

可動側

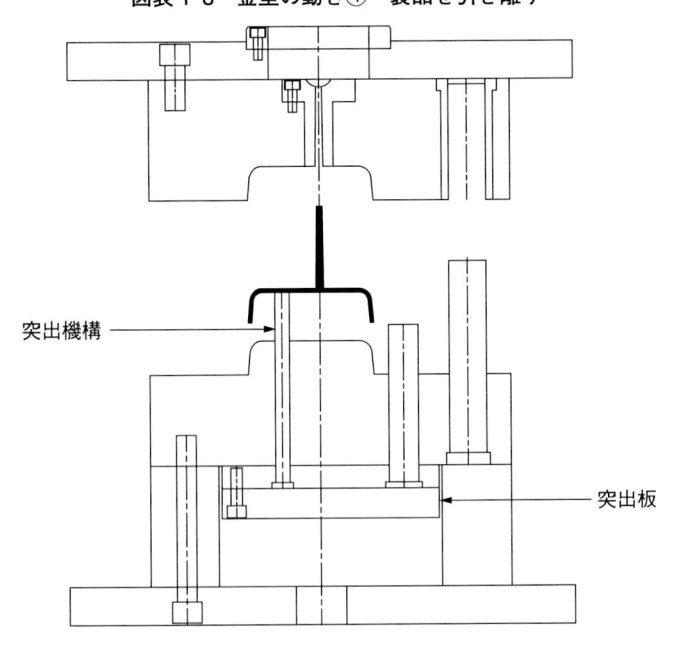

図表1-8 金型の動き④〜製品を引き離す

（突出機構）

（突出板）

その突出板を動かすのが射出成形機となる。
⑤成形品を金型から取り出す（**図表1-9**）
　取り出す方法は、自然落下や人によるアナログ的な方法から、専用の機械・ロボットを用いたメカニカルな方法などさまざまな方法がある。その会社の設備や、製品の仕様によって取り出し方法が決まる。例えば、表面を傷つけたくないような製品であれば取り出し方法に自然落下を採用するわけにはいかない。
⑥次の成形をするために型が閉じる（**図表1-10**）
　固定側によって突出板を押し戻す。このとき、最初に固定側に当たるのがリターンピンというピンになる。突出しピンは製品形状部に設定されているのに対して、リターンピンはパーティングライン（PL）と呼ばれる固定側と可動側が合わさる製品形状以外の部分に設定されている。そのため、製品の肉厚分、リターンピンが突出しピンよりも先に固定側に当たるんだ。
⑦そして型が完全に閉じて初めの状態に戻る（**図表1-11**）

図表 1-9　金型の動き⑤〜成形品を取り出す

リターンピン

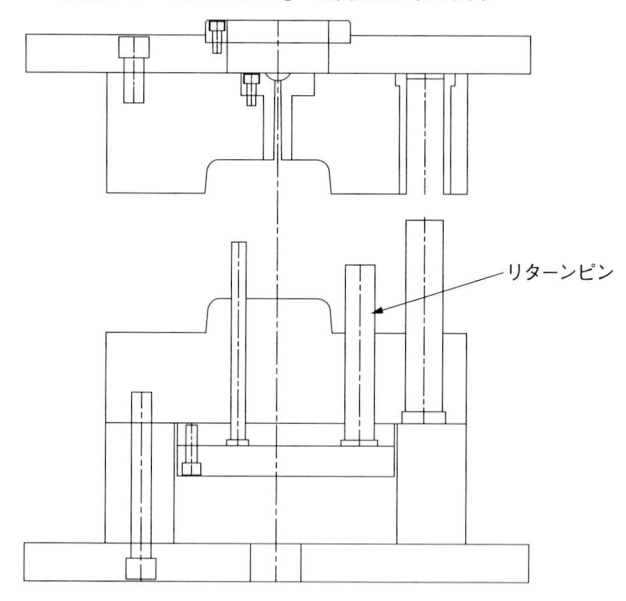

図表 1-10　金型の動き⑥〜閉じる

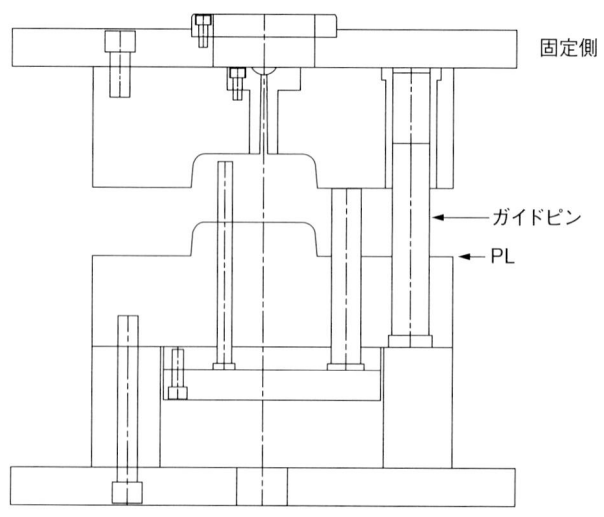

固定側

ガイドピン

PL

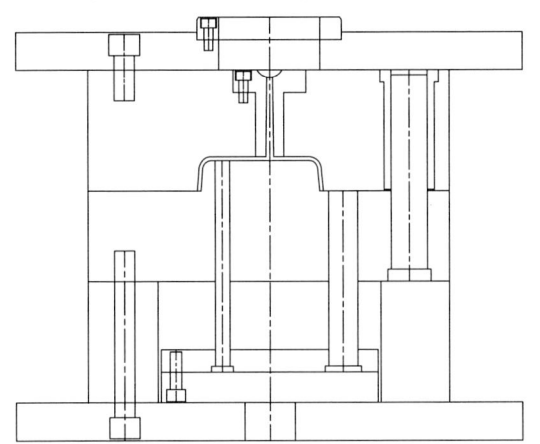

図表 1-11　金型の動き⑦〜完全に閉じる

　以上の動きを繰り返すことで、金型から製品を大量に成形・生産することができるんだ。

　おお！自分の製品もこうやって成形されていくわけですね。

　うん、そういうこと♪

1-4 3プレート金型のしくみと動作

射出成形金型のもう一つの主要なタイプに3プレート金型があります。
2プレートとの違いは何でしょうか。

　　　さてここまで説明した金型の構造は2プレートタイプと呼ばれる金型構造だ。

　これ以外に主要な金型構造として「3プレートタイプ」と呼ばれる構造もあるんだ。(**図表 1-12**)

　これは固定側型板と可動側型板の2枚に、「ランナーストリッパープレート」というプレートを加えた、3枚の主要なプレートで構成される金型なんだ。

　　　なんのために、プレートを追加するんですか？

　　　主な理由は2つかな。

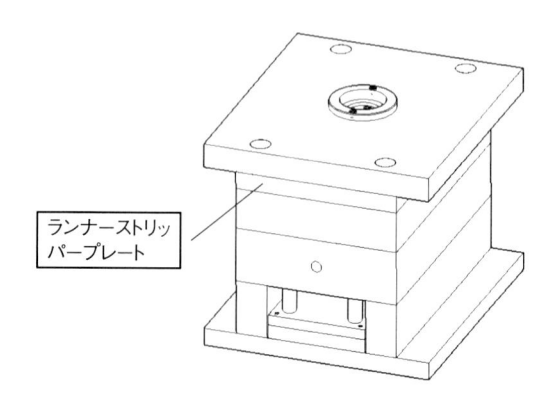

図表 1-12-① 3プレート金型〜閉じた状態

1章　射出成形金型って何？

図表 1-12-②　3プレート金型〜開いた状態

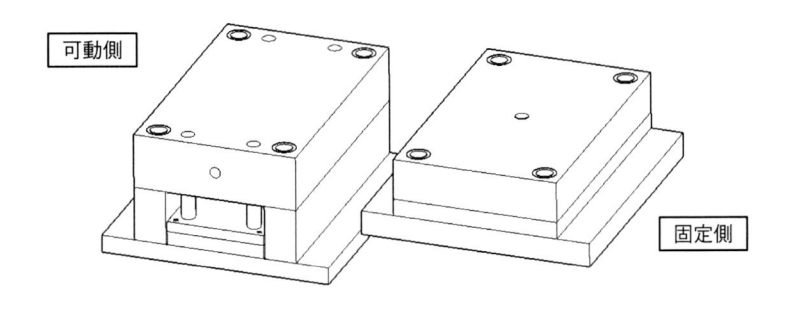

可動側

固定側

図表 1-13　3プレート金型の動き

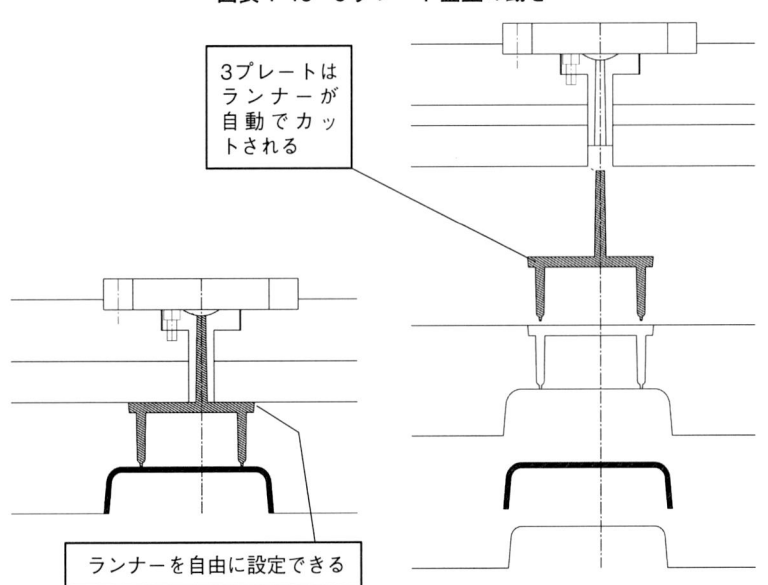

3プレートはランナーが自動でカットされる

ランナーを自由に設定できる

金型にプレートを追加する理由
1. ランナーと呼ばれる射出成形機から製品部までの樹脂の通り道を自由に設定できること（**図表1-13**）
2. 一つの金型で多くの製品を取ることが容易になること

ちなみに今回は3プレートではなく2プレート金型で進めていくよ。

あれ？そうなんですか、先ほどの3プレートの採用する理由を聞くと2プレートタイプより3プレートの方がいいように感じますけど…。

確かにさっきの理由から考えると、3プレート金型の方がいいように思えるけど、当然2プレートと比較した時に短所もある。例えば、次のようなことかな。

3プレートの短所
1. 金型のサイズが大きくなる
2. 金型の構造が複雑になる
3. 型費が高価になる

今回の製品に予算はあるのかな？

いや、極力安くが会社の方針です。

もちろん、予算だけが原因ではなく、どちらの構造を選択するかは、製品形状・用途によっても変わってくるわけだけど、今回の金型に関しては2プレート金型を採用することにするよ。

わかりました。お任せします。

2章　用途にあった樹脂材料を選定する

2-1　樹脂の種類を把握しよう

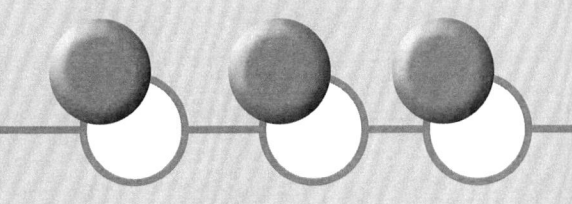

2-1 樹脂の種類を把握しよう

製品設計を行うためには、加工方法だけでなく、使用する材料についても知っておく必要があります。それぞれの特徴を把握しましょう。

> そういえば、今回の製品に使う樹脂はもう決まっているのかな？

> え？樹脂は樹脂なんじゃないんですか？

> いや、一口に樹脂といっても非常に多くの種類があるんだ。身近なところでいえば、ペットボトルに使われている樹脂とバケツに使われている樹脂は見た目も触った感じも違うだろう？

> ああ、そういわれてみればそうですね。

> 同じ製品だったとしても、用途に応じて使う樹脂の種類が違う場合もある。

> どういうことですか？

> 例えば、ヘルメットだけれど、同じヘルメットでも ABS、PC（ポリカーボネート）、PE（ポリエチレン）、FRP などさまざまな樹脂が使われているんだ。

> え！そうなんですか！？

> うん。なぜなら、樹脂は種類によって硬さ、耐電性、耐薬品性、耐熱性、耐候性などの物性や価格などが違うからなんだ。さっきのヘルメットの例でいうと、当然それぞれ用途・環境に応じた樹脂が使われることになる。（図表 2-1）

2章　用途にあった樹脂材料を選定する

図表 2-1　ヘルメットに使われる樹脂の種類と特徴

樹脂の種類	特徴
ABS	安価で帯電性に優れているが、耐薬品性、耐熱性、耐候性で他の樹脂に劣る
PC	ABS に比べて硬く、耐候性に優れる
PE	上の2つより耐薬品性に優れるが、比較的軟質
FRP	耐熱性、耐候性に優れる。耐用年数が長いことから災害時の備蓄用に向いている

ふ〜ん、一口にヘルメットといっても、その用途に応じて使う樹脂が変わってくるんですね。

そういうことだね。このように樹脂の種類によって物性が異なるので、樹脂の選定はしっかりと行わなければならない。参考までに射出成形で使用される主だった樹脂の特徴は**図表 2-2** のようになる。

また、同じ樹脂でも耐候性に優れているとか、耐薬品性に優れているなどさまざまなグレードがあるんだ。

例えば、常に外に置きっぱなしにしておくような製品であれば、同じ樹脂でも耐候性の優れた樹脂を選択したほうがよいということになる。

さらに色をどうするかという問題もある。樹脂のそのままの色というのはナチュラルカラーといって、PC であれば、透明か黒、PP（ポリプロプレン）であれば、白か黒といった具合に決まっているんだ。

あれ？でも市場に出ている樹脂の製品は赤に黄色や青…それこそいろいろな色の製品が発売されていますよね？

そう、だから樹脂に調色…すなわち、色を調整してあげるんだ。

青に赤を混ぜると紫になるみたいな感じですか？

そんなに単純じゃないよ…。

樹脂の調色方法には着色、マスターバッチ、粉末の3種類がある。当然、それぞれの方法に一長一短がある。（**図表 2-3**）

図表 2-2　射出成形で使用される主な樹脂とその特徴

樹脂名	略号	外観	特徴	主な用途
ポリエチレン	PE	白色	耐薬品性、耐火性、食品衛生性に優れる。同じ PE でもその分子構造によって、高密度、低密度、超高分子量などに分類されそれぞれ性質が異なる	包装材（レジ袋、ラップフィルム、食品容器など）、シャンプー・リンス・洗剤等容器、バケツ、ガソリンタンク
ポリプロピレン	PP	乳白色	PE と似た性質を持つ。成形性がよい	自動車部品（バンパー、ファン、インパネなど）、医療部品（注射器など）、家電部品（洗濯曹、テレビ筐体、換気扇など）、食品容器（タッパーなど）
ポリスチレン	PS	白色	耐衝撃性が弱く、軟化温度が低い耐薬品性、電気的特性に優れる	家電部品（冷蔵庫トレー、照明器具、PC、エアコンなどの筐体など）、自動車部品（メーターカバー、ランプ・レンズなど）、断熱材、カップ麺の容器
ポリ塩化ビニル	P.V.C	透明	軟質と硬質がある。加工性がよく、電気絶縁性、難燃性、耐候性、酸、アルカリに対する耐薬品性などに優れる	工業用配管、自動車の内装、建材（屋根の波板、サッシ、雨樋など）、床材、壁紙、電線被膜
エービーエス	ABS	乳白色	酸、アルカリに対する耐薬品性に優れ、加工性も良い日光に弱く、可燃性	家電部品（テレビ、冷蔵庫、掃除機、PC などの部品）、自動車部品（内外装部品）、楽器、玩具
ポリカーボネート	PC	透明	耐衝撃性、耐熱性、耐候性に優れる。酸には強いが、アルカリに弱い	CD・DVD ディスク、自動車部品（ウィンカー、ヘッドランプなど）、カメラレンズ、メガネ、スーツケース
ポリアミド（ナイロン）	PA	乳白色	耐摩耗性、耐寒冷性、耐衝撃性が良い。有機溶剤に対して、優れた耐性がある	自動車部品（ガソリンタンクなど）、電子機器部品（コネクター、ハウジングなど）、食品用フィルム、歯車
ポリアセタール	POM	白色	耐衝撃性、耐摩耗性に優れ金属部品の代替として用いられている。耐候性、接着性が悪い	各種機械部品（ギア、軸受け、ベアリング、ブッシュなど）、オイルタンク、ファスナー、配管継手部品
ポリブチレンテレフタレート	PBT	白色	電気的特性をはじめ物性のバランスが全体的に優れている。ただし、強アルカリには弱い	自動車部品（ドアハンドル、スイッチ類など）、電気部品（ドライヤー、電話機など）、電子部品（コネクター、スイッチなど）、精密機械部品

図表2-3　樹脂の調色方法

調色方法	特徴
着色	元の樹脂に顔料を混ぜ合わせて押し出し成形と呼ばれる方法で色のついた樹脂ペレットを作っていく方法。最も色味が正確に出るが、コスト、納期がかかる
マスターバッチ	ナチュラルカラーの樹脂ペレットにマスターバッチと呼ばれる材料を混ぜる方法。色の出方は射出成形機のスクリュー内での混練具合によるため、色の再現性は弱い。手軽だがある程度色が決められているのと少量での入手が難しい
粉末	樹脂の周りに粉末を付着させる方法です。最も安価な方法だが、タンブラーなどで混ぜる必要があり、成形後には掃除をしなければならないので手間がかかる

　なるほど…樹脂で製品を作るで終わりではなくて、いろいろと決めなければいけないことがたくさんあるんですねぇ…。

　そういうこと。

　ただやみくもに樹脂をあたってもキリがないので、類似の製品がどのような樹脂が使われているのか調べておくといいね。ホームセンターには、同じような測定器がいろいろとあるから、参考に見てきたら？

　さっそく、ホームセンターに行ってきます！！！

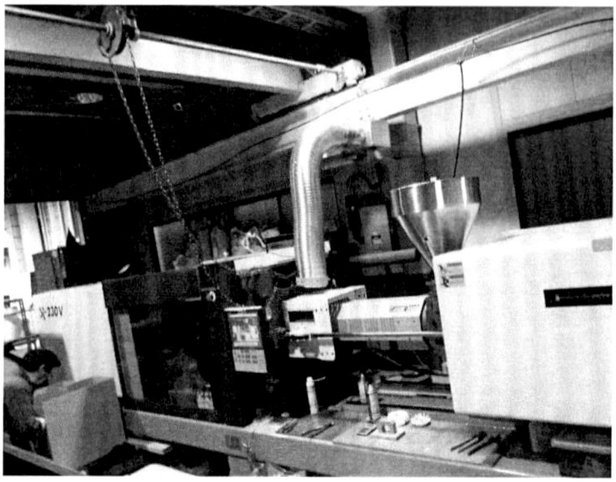
230V

3章　金型を考慮した製品設計とは？

3-1　試作品と量産品の違いは？
　　　―製品設計における注意点
3-2　抜き勾配
3-3　肉厚
3-4　パーティングライン
3-5　アンダーカット
3-6　角R
3-7　公差

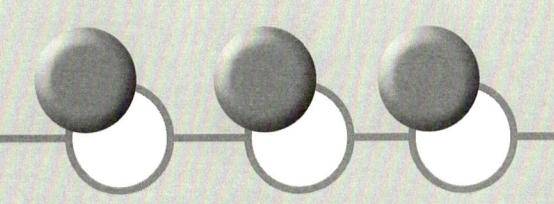

3-1 試作品と量産品の違いは？ ―製品設計における注意点

金型でよい製品を成形するためには、製品設計の段階で考慮しなければならないことがあります。気を付けるべきこととは何でしょうか。

それじゃあ、今回金型で作る製品の図面を見せてもらおうか。

はい、こちらになります。（**図表 0-5**）

…残念だけど、この図面をそのまま金型には使用することはできないね。その理由をこれから説明するよ。

ああ、そうですか…（涙）。

まあ、そう落ち込まないで。
いいかい？金型でよい製品を成形するためには製品設計の段階で気を付けなければいけないところがいろいろとあるんだ。

逆にいえば、金型を考慮した製品設計ができていれば、金型移行時に製品形状の修正は少なくて済むということになる。では、どのような点に気を付ければいいかというと、大きく次の6点があげられる。

量産へ移行する際に、製品設計において気を付けるべきこと

1. 抜き勾配
2. 製品の肉厚
3. パーティングライン
4. アンダーカットの有無
5. 角R
6. 公差

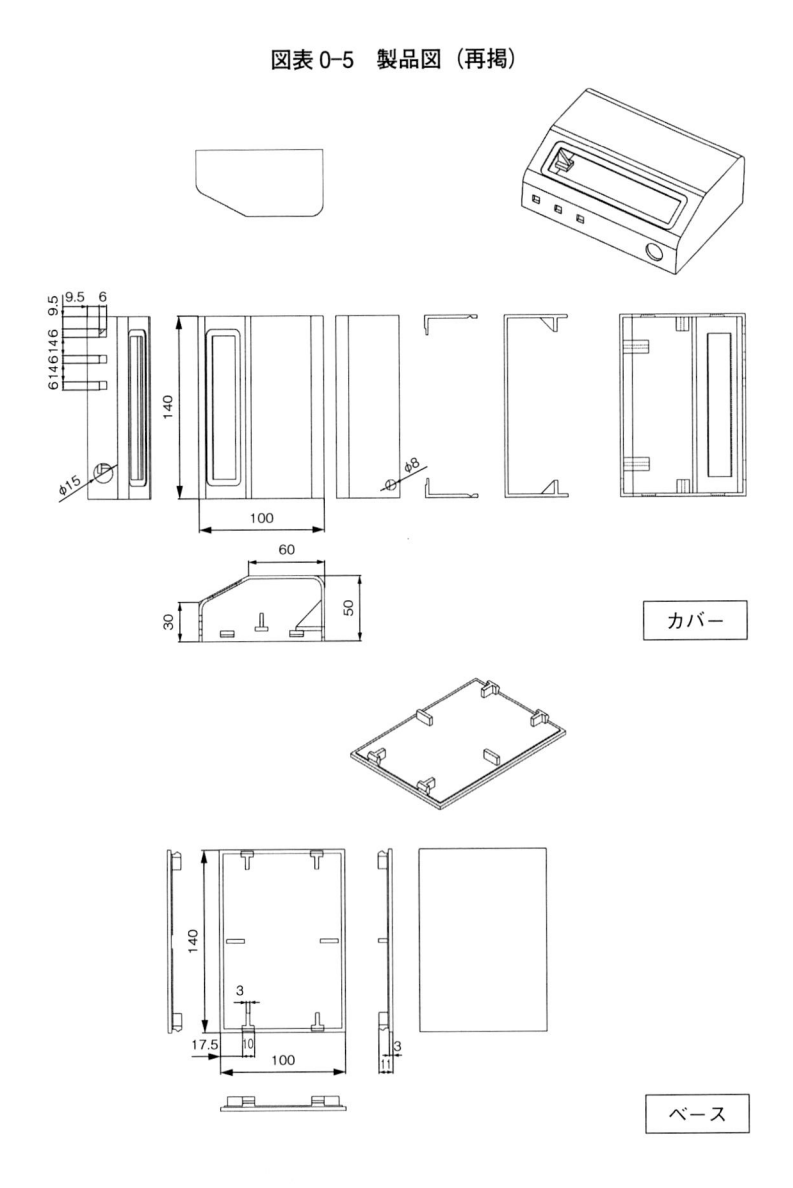

3章 金型を考慮した製品設計とは？

図表 0-5　製品図（再掲）

カバー

ベース

うう、6つもあるんですね。

3-2 抜き勾配

よい製品を成形するために考慮しなければならない点の一つ目は抜き勾配です。なぜ必要なのでしょうか？

まずは抜き勾配。抜き勾配というのは、製品を金型からスムーズに取り出すためにその製品自体に付けた傾斜のことをいうんだ。

？？？？？

ははは、意味がわからないって顔してるね。では、身近なもので見てみよう。ちょうどここにバケツがあるからこれを使って説明しようか。このバケツを真横から見ると口のほうが広く、底の方が狭くなってるのがわかるかい？

はい。

この角度のことを抜き勾配というんだ。

へ？それだけですか？

あ、さすがに簡単にいい過ぎたかな？いいかい？この抜き勾配のない状態、すなわち真横から見て真四角な製品を金型から取り出そうとするとどうなるかわかるかな？

？…普通に取り出せそうですけど…。

うーん、そうともいえないんだ。
図表 3-1 の 2 つの断面でどちらに抜き勾配が付いているかはわかるかな？

3章　金型を考慮した製品設計とは？

図表 3-1　金型から取り出しやすいのはどっち？

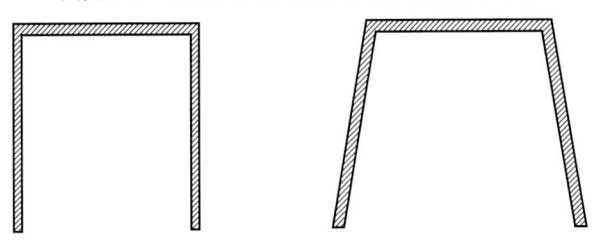

図表 3-2　抜き勾配がない場合の金型の動き

金型が閉じた状態　　金型が開いた状態　　製品を突出した状態

固定側主型

可動側主型

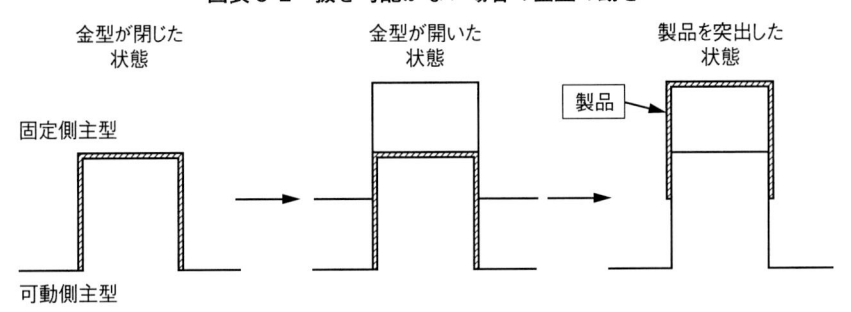

🧑 ええと、図表 3-1 の左の断面は角度がついてませんから抜き勾配はなし。右の断面は角度がついているので抜き勾配ありですかね？

👨 そう、正解。では、それぞれの場合の金型の動きを見てみよう。

まず、勾配が付いていない場合の金型の動きはこうなる（**図表 3-2**）。左が金型が閉じた状態。真ん中が金型が開いた状態。右が金型から製品を突出した状態。

🧑 特に問題なさそうですけど？

👨 確かに一見問題なさそうだよね。でもね、これだと金型が開く時や製品を突き出す際に製品と金型がこすれながら動くことになってしまうんだ。（**図表 3-3**）

🧑 あっ！

図表3-3　金型と製品が接する個所

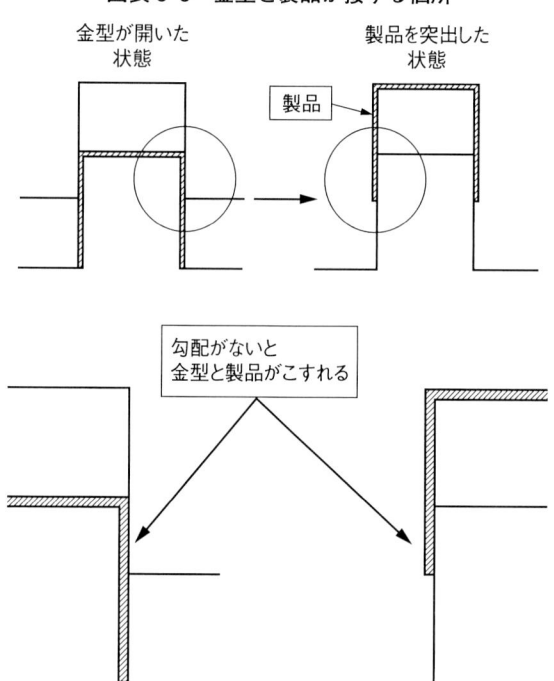

金型が開いた状態　　　製品を突出した状態

製品

勾配がないと金型と製品がこすれる

そうなると当然、製品に傷がついてしまうし、製品の離型性も悪い。離型性とは、製品の離れやすさのことだよ。要するに抜き勾配のない金型は、その分不良品が出やすい金型であるといえるんだ。

なるほど…。

勾配が付いているとこうなる。（図表3-4）

あ、製品と金型がこすれない！！（図表3-5）

そういうこと。抜き勾配が付いているお陰で金型が開く時や金型から製品が突き出される時に金型と製品は離れながら動くんだ。当然、型が開く時には製品にこすれずに開くし、離型性もよくなる。このように抜き勾

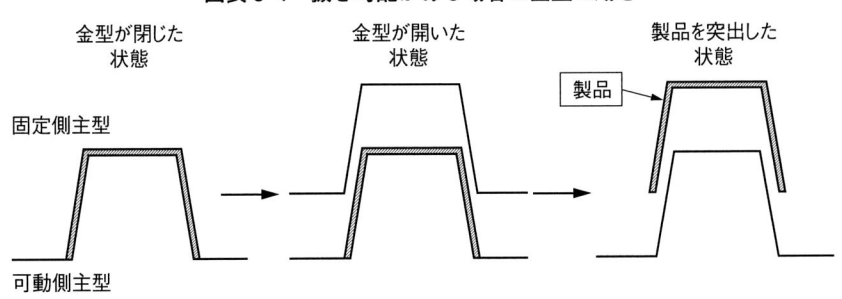

図表 3-4　抜き勾配がある場合の金型の動き

金型が閉じた状態　　金型が開いた状態　　製品を突出した状態

固定側主型

可動側主型

図表 3-5　金型と製品が接する個所

金型が開いた状態　　製品を突出した状態

製品

勾配があると
金型と製品がこすれない

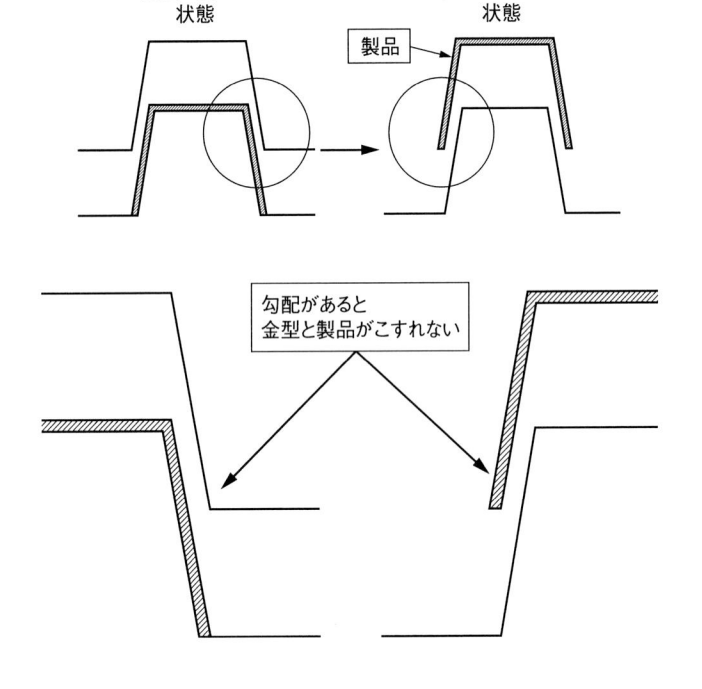

配は金型で良品を成形するためには欠かせないものなんだ。

　身の回りの樹脂製品を見てみると、ほとんどの製品に勾配が付いているのがよくわかると思うよ。

はい。今回の製品には抜き勾配がまったく考慮されていません。これだと 3D プリンターで作った試作品ではよくても、金型では良品を取ることができないというわけなんですね。

そういうこと。

早速抜き勾配を付けてみようと思います。何か気を付けておくことはありますか？

角度についてはこの角度がよい、ということは一概にはいえないけど、今回の製品だと 1°以上は欲しいかなぁ。

1°以上ですね！わかりました！！

元気なのはいいけど、ただ闇雲に勾配を付ければいいというものではないから気を付けてね。

どういうことですか？

勾配の付け方次第では、相手部品とうまくかみ合わなくなる可能性がある。

？？？

例えば、**図表 3-6** のような形状があって矢印の部分に勾配をつけたいとしたらどうやってつける？

ええと、こうかな…先端を基準に根本が太くなるように勾配を付けてみました。（**図表 3-7**）

うん、確かにこれで勾配が付いたわけだ。ところで、金型で作るような、いわゆる工業製品って大概は複数の部品から成り立っているよね。

そうですね。自分の製品もいくつかの部品で成り立ってます。

では、この断面にも相手部品がいて、**図表 3-8** のように相手の部品がレイアウトされるとする。さっきの滑川くんの勾配を当てはめると

3章　金型を考慮した製品設計とは？

図表 3-6　どこに勾配をつけるか

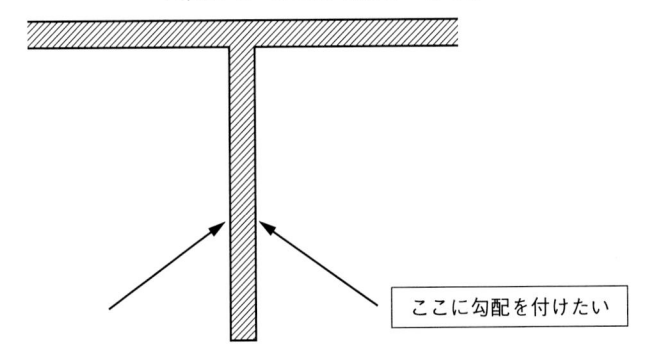

ここに勾配を付けたい

図表 3-7　勾配のつけ方の例

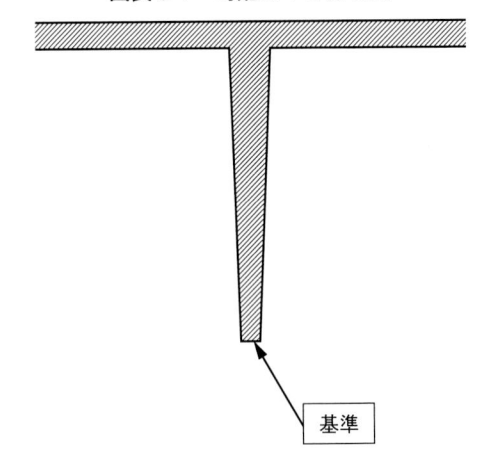

基準

図表 3-8　レイアウト

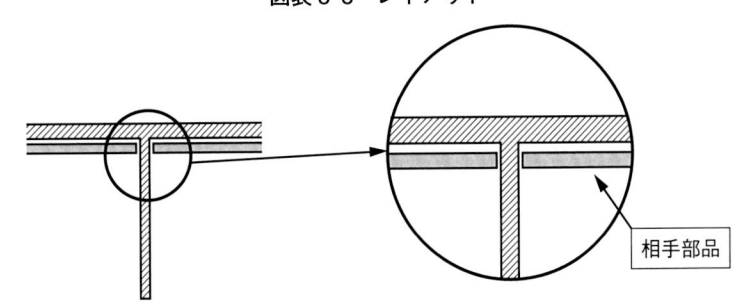

相手部品

図表 3-9　勾配をつけた場合のレイアウト

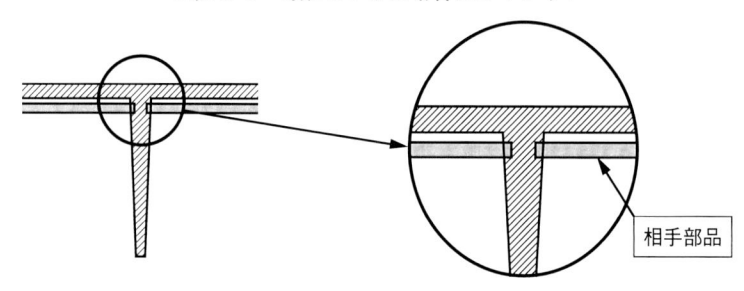

相手部品

図表 3-10　拡大図

勾配をつけたことにより、相手部品と干渉してしまっている

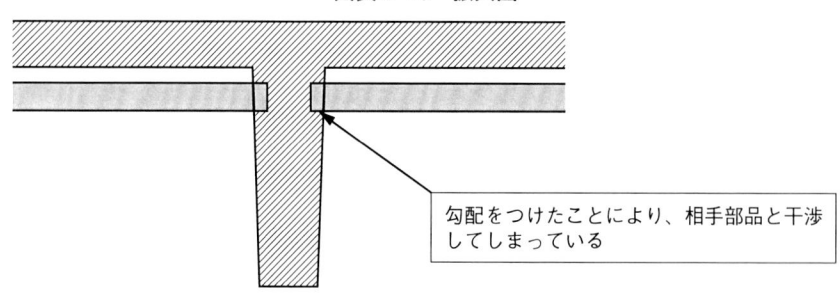

図表 3-9 のようになる。

　…あ。

　わかった？

　はい、自分が先端を基準にして勾配を付けたことによって相手部品にぶつかっています。（**図表 3-10**）

　それを干渉というんだ。これだとせっかく勾配を付けても組み付けることができないので NG となる。こういった場合は、根本の太さをそのままにするため、根本を基準に勾配をつけてあげれば相手部品との干渉なく勾配が設定できる。（**図表 3-11**）

　そうか、勾配の付け方で全然変わってきてしまうんですね。

3章　金型を考慮した製品設計とは？

図表3-11　修正後の勾配

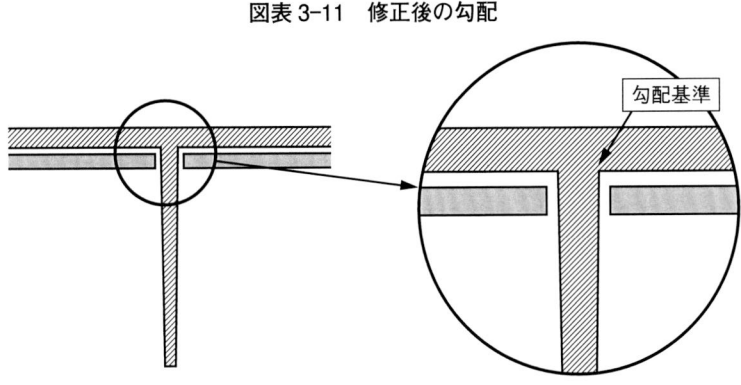

　　金型で良品を得るために必要な抜き勾配だけど、せっかく付けた抜き勾配が相手部品に対して邪魔になってしまうことは十分に考えられることだ。なので勾配を付ける時には、相手部品に注意して、どこを基準にするのか、基準からどちらの方向に勾配を付けるのかをよーく検討しなければならない。

　　せっかく勾配をつけたのに組み付かないんじゃ意味がないですものね。気を付けます。

　　そうそう、今は勾配という言葉を使っていたけど、角度を表現する言葉には「勾配」の他に「テーパー」という言葉もあるんだ。勾配というのは水平面に対する傾きの度合い、テーパーは、旋盤などにより、円錐状に加工した状態のことをいう。

　　？？？？？？？

　　うん、この表現だとわかりにくいよね。ざっくばらんに表現すると、製品が左右対称の時に中心に対して、片側の角度が「勾配」、両側の角度が「テーパー」となる。**（図表3-12）**

　この表現を間違えてしまうと、2倍あるいは1/2倍の角度で製品ができてしまうので表記ミスには注意しなければならない。

図表 3-12　勾配とテーパー

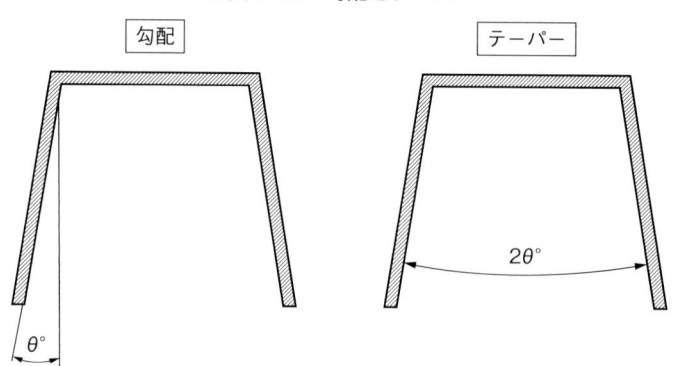

勾配

テーパー

$2θ°$

$θ°$

> にっ2倍…それは恐ろしい…。

> 今回の製品にも、抜き勾配はほとんどついていないので、これは付けたほうがいいね。

> わかりました。

3-3 肉厚

射出成形には適した肉厚があります。それをはずれると、さまざまな不具合を生じる場合があります。

次に製品の肉厚。すなわち、製品の厚みについてだ。製品の肉厚は薄すぎても、厚すぎてもだめだ。

製品の大きさや形状の複雑さ、用途などによるので一概にはいえないけれど、一般的な雑貨品や自動車部品などの場合だと、射出成形を行う場合の一般肉厚は1mmから3mm程度に収めたい。

自分の製品は基本の肉厚が2mmなので問題ないっすね。

うん、ちょうどいいね。

それから、製品の肉厚はできる限り均一がいい。あまりにも急激に肉厚を変化させてしまうとヒケやボイド、そりといった不具合の原因になるので注意をしなければならない。

その"ヒケ"とか"ボイド"とかというのは、どういう現象何ですか？

そうだね。ざっと説明するとこうなる。

肉厚に関連した不具合

ヒ ケ：製品が凹んでしまう現象

ボイド：製品の中に気泡ができてしまう現象

ソ リ：製品が反ってしまう現象

🧑 本当にザッとですね…（汗）。

👨 はははは、まあ今はね。製品の不具合に関しては、成形の時にいろいろと説明してあげるよ。

🧑 え？成形にご一緒してもよろしいんですか？

👨 もちろん♪自分の設計した製品がどうやって金型から成形されるのか興味あるだろ？ぜひ、来るといいよ。

🧑 ありがとうございます！ぜひ、お願いします！！

ところで肉厚が均一かどうかということですけど、自分の製品はひと通り肉厚2mmなのでこれも問題ないですよね。肉厚に関しては何事もなくクリアーできそうですね。

👨 あまい！！

🧑 ええ！

👨 例えば、**図表3-13**のような断面の製品があったとする。

図表3-13　製品断面例

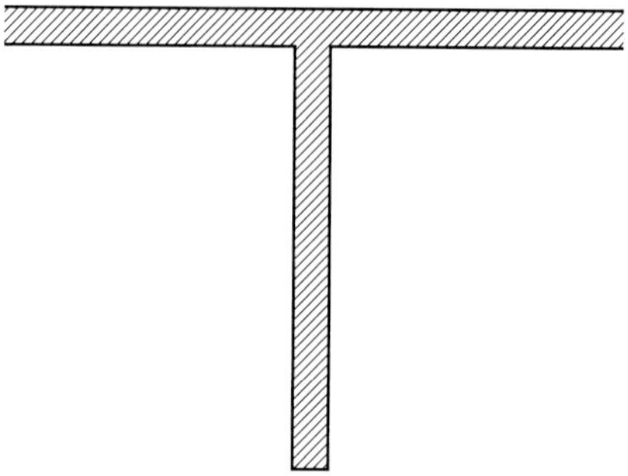

図表 3-14　肉厚を注意するところ

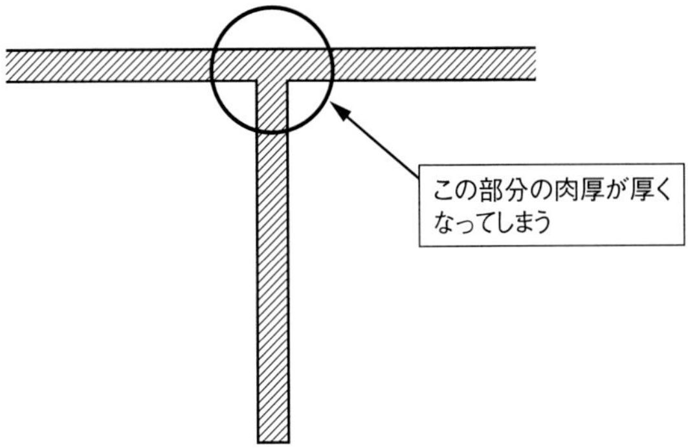

　この部分の肉厚が厚くなってしまう

　　あ、僕の製品にもあります。

　　うん、まあよくある断面だよね。このような断面の場合、**図表 3-14**で示したこの部分の肉厚がどうしても厚くなってしまう。

　　あ、確かに…。

　　そうなるとこの部分にヒケという製品が凹んでしまう現象が起きてしまい製品としては NG になってしまう可能性がある。成形の条件で多少は抑えることもできるけど、製品設計の段階で抑えられるにこしたことはないよね。

　　ですね。具体的にどうすればいいですか？

　　このヒケを少しでも抑えるためには、この部分の肉厚を周りの肉厚より薄くしてあげることで、少しでも肉厚の厚い部分を少なくするといい。そうすることで、さっきよりは肉厚が厚い部分は解消される。（**図表 3-15**）

　　はあ、なるほど。単に肉厚を一定にすればいいわけではなくて、形状によっては薄くしたりしなければいけないんですね。

図表3-15 肉厚を薄くするには

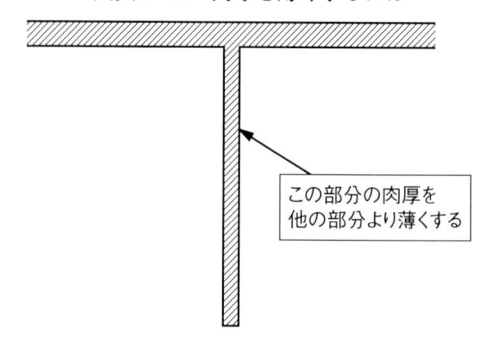

この部分の肉厚を
他の部分より薄くする

そういうこと。残念だけど、こうやって肉厚を調整しても、ヒケなどの不具合は出てしまうことの方が多い。でも、できる限り製品設計の段階で不具合の可能性は抑えておきたいよね。

そうですね！！

キーワードをおさえよう！　肉厚に関する不具合

ヒ　ケ：製品が凹んでしまう現象
ボイド：製品の中に気泡ができてしまう現象
ソ　リ：製品が反ってしまう現象

3-4 パーティングライン

固定側と可動側の分割する位置をパーティングライン（PL）といいます。PLを正しい位置に設定しないと、金型から製品が取り出せなかったり、金型の構造が複雑になってしまいます。

次にパーティングライン（PL）について考えよう。

PLってなんですか？

PLというのは、金型で分割される位置のこと。例えば、たい焼きを焼く時は2枚の鉄板を重ね合わせて焼くよね？

はい。

金型もそれと同じことで、大別すると固定側と可動側の2枚の板に分けることができる。そして、この可動側と固定側の分割される位置をPLというんだ（図表3-16）。このPLはどこに設定してもいいわけではなく、製品を金型平面で見た時に一番外側になる部分に設定する。それ以外の位置に設定した場合には、通常の金型の動きでは製品を取り出すことができな

図表3-16　パーティングライン（PL）

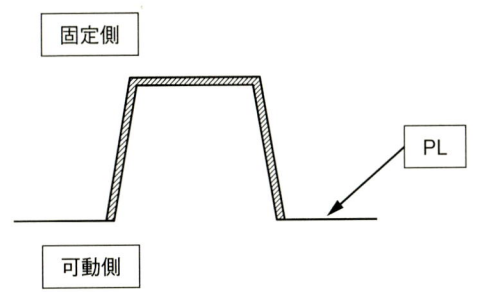

図表3-17　PLとアンダーカットの発生

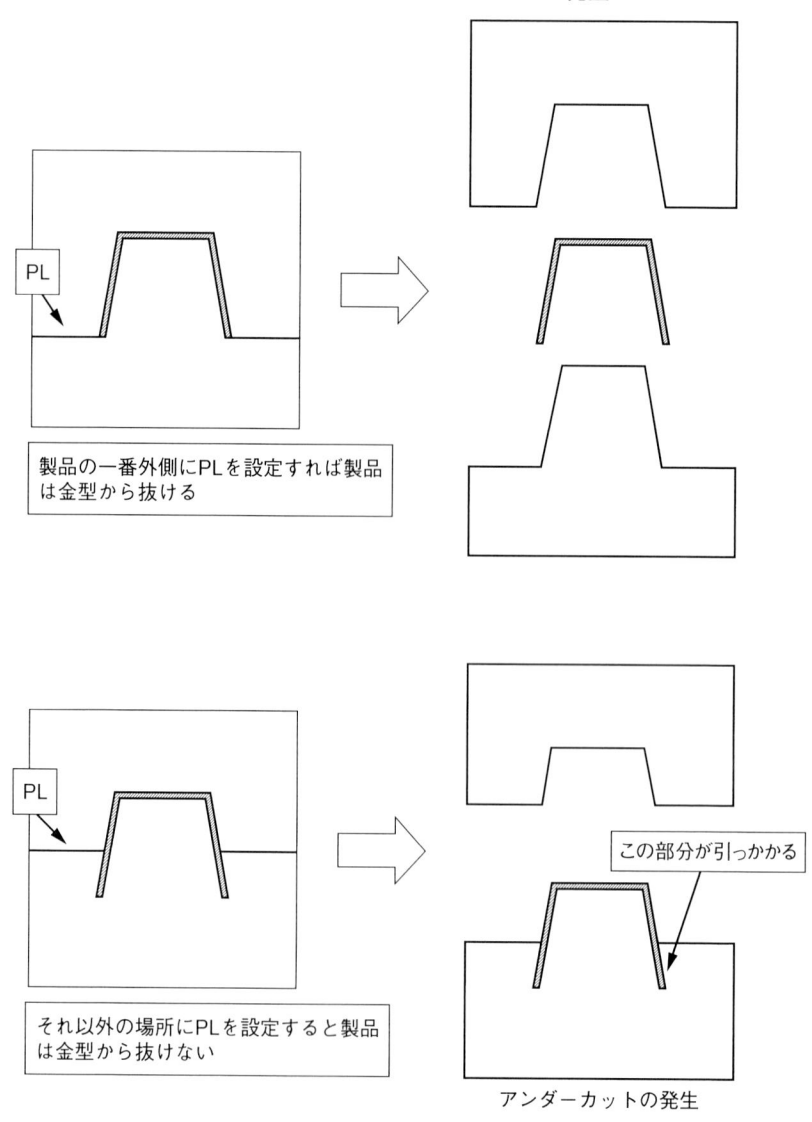

製品の一番外側にPLを設定すれば製品は金型から抜ける

それ以外の場所にPLを設定すると製品は金型から抜けない

この部分が引っかかる

アンダーカットの発生

い。そうすると、アンダーカットと呼ばれる形状が発生してしまう（**図表3-17**）。

🧑 アンダーカットですか…。

👨 アンダーカットがある場合には別途処理が必要になるんだ。要するに工程が増えるということになる。どうしても必要な場合もあるけどアンダーカットは解消しておくに越したことはないね。アンダーカットについてはこの後改めて詳しく説明するよ。

🧑 よろしくお願いいたします。

👨 PLにあたる部分は、可動側と固定側がしっかりと合わさっていなければならない。この合わせが不十分だとバリという不具合を発生してしまうんだ。

🧑 バリですか？

👨 バリというのはたい焼きでも確認できる。鯛の部分以外にも生地がはみ出ている場合があるよね？

🧑 あのはみ出しは、お得な感じがしますよね。

👨 このはみ出た生地の部分がバリになる。たい焼きだとお得感満載だけど、これがプラスチックの製品でこんな風にバリが発生していたらどう思う？

🧑 明らかに不良品ですね…。

👨 そういうこと、まあたい焼き並みのバリは大げさにしても、PLをしっかりと合わせておかなければ、このようなバリが発生し、製品の不具合となってしまうんだ（**図表3-18**）。このような不具合を出さないためにも、製品設計の段階でPLをしっかりと考慮した製品設計を心がけたい。PLの変化をできる限り緩やかに設定するといいね。

図表 3-18　不適切な PL によるバリの発生

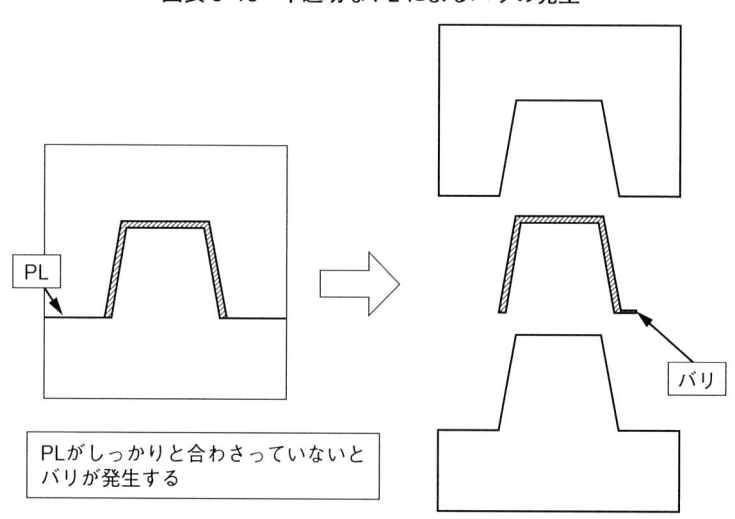

PL

PLがしっかりと合わさっていないと
バリが発生する

バリ

🧑 なるほど。

👨 ちなみに、固定側と可動側という別の板を合わせている関係で、バリが出ないまでも合わせた位置にうっすらと跡が残るのでこの跡を目立たせたくない場合にはその位置にも注意をするといいよ。

🧑 PL の跡ですね。これは見落としやすそうです。

キーワードを　おさえよう！

パーティングライン（PL）とは…

金型で分割される位置のこと

3-5 アンダーカット

通常の金型の動きでは製品を取り出すことができない形状をアンダーカットといいます。アンダーカットを解消するためには、別の機構を設定する必要があります。

👨 では、先ほど保留にしておいたアンダーカットについて説明しようか。唐突だけど問題。ここに2本の杭が刺さっています。（**図表3-19**）

👦 はあ、本当に唐突ですね…。

👨 ははは、まあまあ聞いてよ。君はこの2本の杭のどちらかを抜かなければ先に進めません。事前情報で2本の杭の形はそれぞれ図表3-19のような断面をしていることがわかっています。さて、この2本の杭、抜きやすいのはどちらでしょう？

👦 それは普通に考えてAじゃないですかね？

👨 正解。答えはAだね。Aのように、先の方が細くなっていれば当然抜きやすくなるし、逆にBのように凹凸がついていると抵抗が大きいので杭は非常に抜きづらい。

図表 3-19　抜きやすいのはどっち？

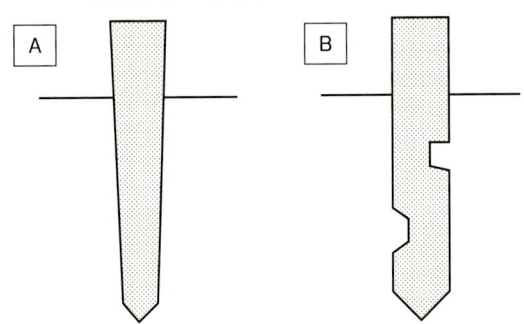

👤 ですよね。

👨 何がいいたいんだって顔しているね。この杭を製品、杭の刺さった地面を金型とすると、Aは先のほうが細くなっているので簡単に製品を取り出すことができる。一方でBの方は、製品（杭）に通常の金型（地面）の動きでは取り出せない形状（杭の凹凸）があることになる。

👤 そうですね。

👨 このような通常の金型の動きでは取り出せない形状のことをアンダーカットというんだ（**図表 3-20**）。実際の製品ではどのような形状がアンダーカットかというと、**図表 3-21** のような形状がよく見られる。

👤 実際にはこのような形状の製品は巷に溢れてますよね？通常の動きでは取り出せないだけで、何らかの処理をすれば取り出せるんですか？

👨 うん、いい質問だね。このようなアンダーカット形状は、金型が開く時、あるいは製品を突き出す時に、その部分が引っかかってしまい通常の型開きでは製品を取り出すことができない。アンダーカットを解消するためにスライドコアや傾斜コアなどと呼ばれる別の機構を設定して処理をするんだ。（**図表 3-22**）

図表 3-20　アンダーカット

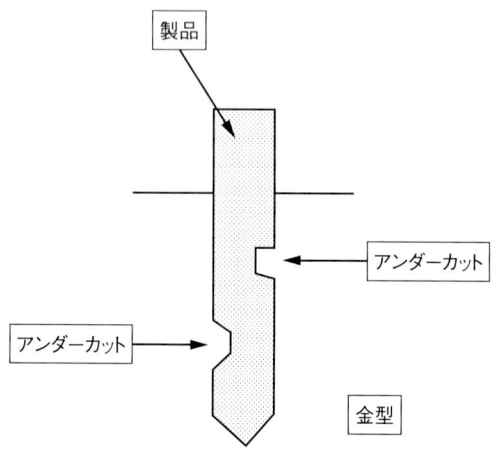

3章　金型を考慮した製品設計とは？

図表 3-21　アンダーカットの形状例

1. 製品の横に穴が開いている
2. 製品に突起がある

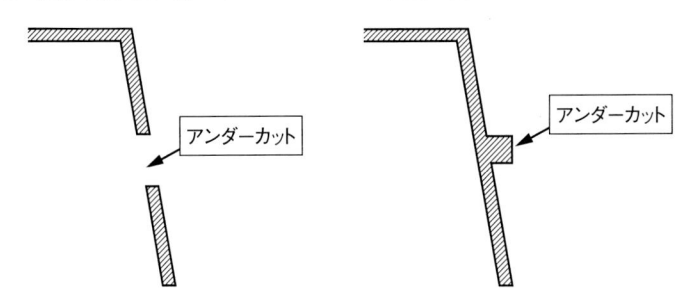

アンダーカット

アンダーカット

3. 製品の裏側にフランジ（棚のような形状）がある
4. 製品のタテカベが変化している

アンダーカット

アンダーカット

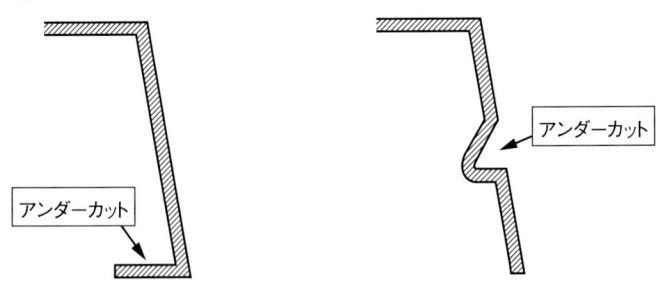

図表 3-22　アンダーカット形状の製品を金型から抜き出す方法

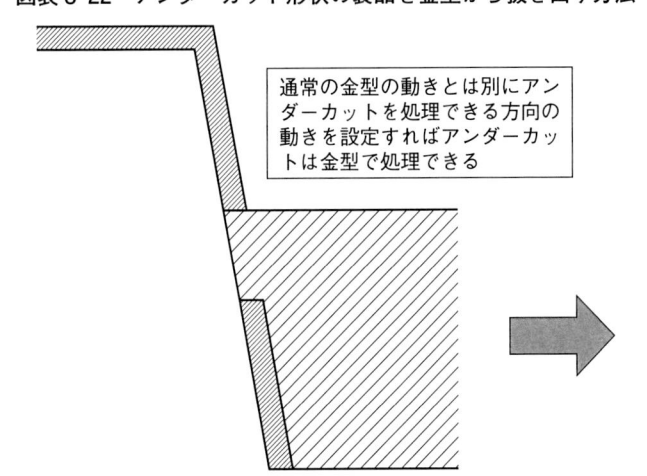

通常の金型の動きとは別にアンダーカットを処理できる方向の動きを設定すればアンダーカットは金型で処理できる

🧑 それなら仮にアンダーカットがあっても問題ないですよね？

👨 うん、処理はできるからアンダーカットがあっても問題はないんだけどね。ただ、別の機構を設定するということはひと手間増えることになるわけだから、当然金型のコストは上がることになる。それに手間をかける以上は不具合が発生する確率が上がる。製品の機構上必要がないのであれば、アンダーカットのある形状はできる限り避けたほうがいいね。

図表 3-23　今回の製品におけるアンダーカット

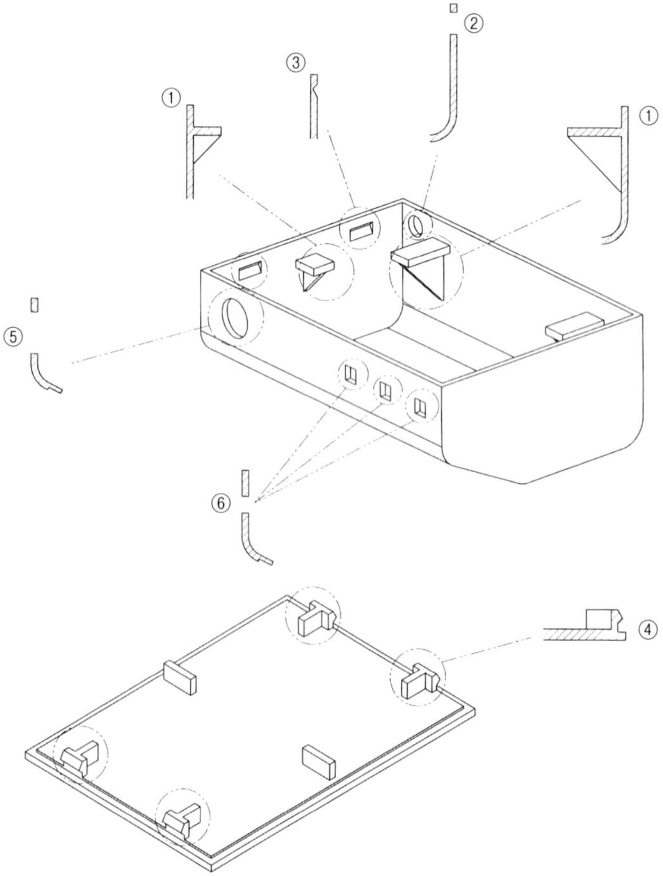

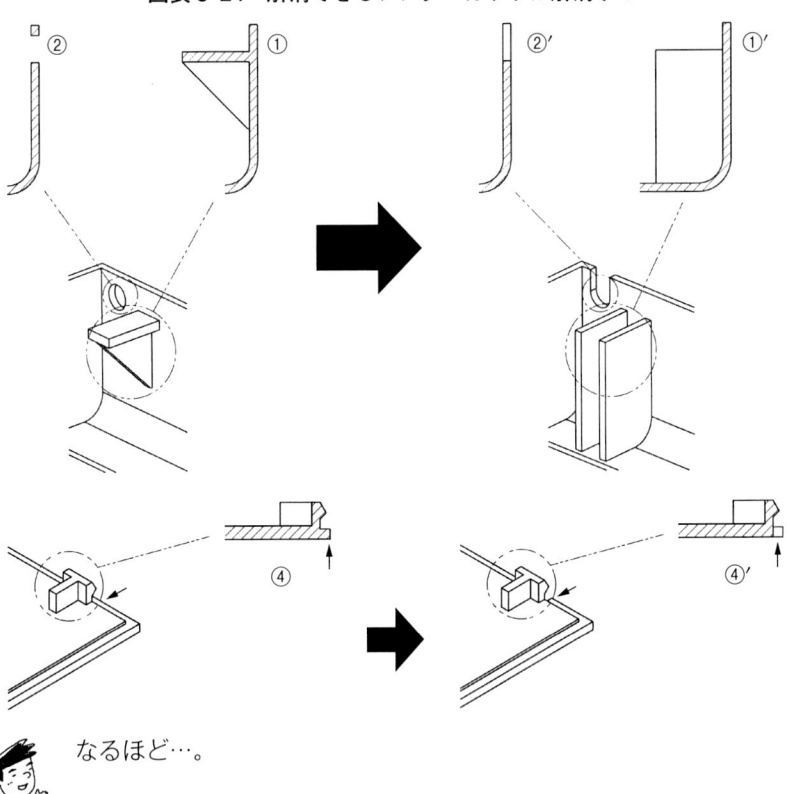

3章　金型を考慮した製品設計とは？

図表3-24　解消できるアンダーカットは解消する

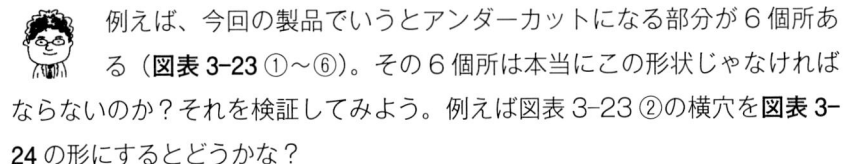

　なるほど…。

　例えば、今回の製品でいうとアンダーカットになる部分が6個所ある（**図表3-23** ①～⑥）。その6個所は本当にこの形状じゃなければならないのか？それを検証してみよう。例えば図表3-23 ②の横穴を**図表3-24**の形にするとどうかな？

　…あ！アンダーカットはなくなりますね！！

　デザイン的・機能的に問題がないなら、アンダーカットがなくなる方向で修正をかけたいね。図表3-23 ①、②、④は図表3-24でアンダーカットをなくしたね。③はアンダーカットをなくせないから、後で説明する傾斜コアで処理する。⑤、⑥については、スライドコアで処理するよ。

3-6 角R

　　さて、滑川くんが今回の製品のデザイン・設計を進める時に気を使ったことってなんだい？

　　そうですね…まずはすでに中に入る基板が決まっていましたので、それに合わせることを意識しました。それから使用する人がどのように使用するかを考えました。

　　うん、いいね。

　　製品設計をする際には、その製品のことだけを考えていればいいわけじゃないよね。他の部品との関係や、その製品をどのように使うのか、その用途に十分に気を使うことが必要になってくる。

　　ですね。

　　製品のデザインについてデザイナーである滑川くんに語るのは釈迦に説法なんだけど、あえて1つだけいっておきたいことがあるんだ。

　　なんですか？

　　それは製品の角の処理について。

　　角ですか？

　　うん、滑川くんがデザインするときに製品の角はどうしている？

　　基本的には、角はRをつけるようにしています。

　　Rをつける、要するに角は尖らせないで丸みをつけるってことだね。

そうですね。

身近にある樹脂製品を見てみるとたいがいの製品は角が丸くなっているよね。この角に丸みをつけることを角Rをつけると表現するわけだけど、なんで角にRをつけるんだろう？

ええと、角にRつける理由は大きく2つですね。

> 角にRを付ける理由
> 理由1　製品の耐久性
> 理由2　使いやすさ、安全性

うんうん、具体的に説明してもらっていいかな？

わかりました。

まずは、理由1の製品の耐久性についてですが、もしその製品をぶつけてしまった時に、角に丸みが付いている場合と付いていない場合ではその耐久性が違ってきます。丸みが付いていないということは、製品が尖っているわけです。それだけ製品が欠けやすくなってしまいます。

次に理由2の使いやすさ、安全性について。その製品を持った時に、角が尖っている場合と丸みが付いている場合では持ちやすさが全然違います。最悪製品によっては角であったがために手や肌を傷つけてしまうなんて場合もあります。

以上のような理由から、製品の角にはRをつけるように意識しています。

うんうん、いいね！さすがデザイナーさん。例えば、お風呂の椅子。お風呂の椅子は座る部分の真ん中に穴が開いていてその穴の周りにはRがついている。また、座る部分の周りにも同じくRが付いている。この穴には、椅子を持ち運ぶために手を入れるし、風呂の椅子には裸で直に座るよね。

もしRがついていなかったら、穴に手を入れる際に傷付ける、とまではい

かなくても、持ちにくさはあるだろうし、座る部分の周りにRがついていなければ座っていて角が当たって痛そうだよね…デザイン上、角はRにした方がいいといえるよね。

ですね！

ここで金型のことを少し考えたいんだ。先ほど説明したPLがどうなるか？ということを意識したい。

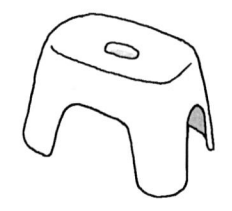

製品を分割する位置ですね？

そう、Rの付け方によってPLが変わってしまう場合がある。具体的に説明するよ。もう何度も出てきていてしつこいくらいだけれど、**図表3-25**の断面のPLはこうなるよね。

はい、そうですね。

では、このPLにあたる部分にこんな風にRをつけるとどうなるかな？（**図表3-26**）

あ、これってPLの位置が変わりますね。

そう、製品のPLにRをつけるとRの分、その製品のPLの位置が変わってくるんだ。（**図表3-27**）

でも、Rがあっても特に金型上は問題なさそうですけど？

図表 3-25　PL

図表 3-26　図表 3-25 に R を追加した場合

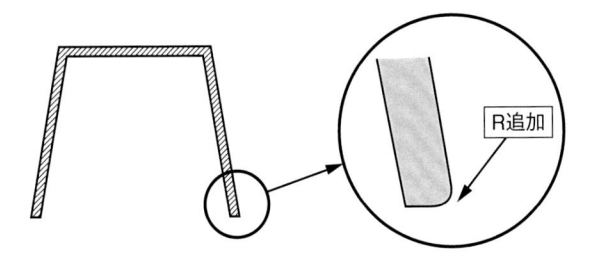

図表 3-27　R の有無による PL の違い

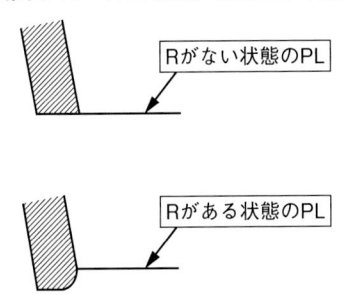

　そうだね。この断面でいけばRがついたからといって、アンダーカットができてしまったというわけではない。だから通常の型抜きで対応できる。ただ、Rが付いている場合と付いていない場合の金型の形状を見比べてみるとこうなるよね。（**図表 3-28**）

　Rがついた分、可動側の形状が変わってきますよね。

　うん、そうすると、金型ではこのRの分、加工が必要になってくるよね。（**図表 3-29**）

　あ、なるほど。そうすると金型で手間になってしまうわけですね。

　そういうこと。もちろんこの位置に人の手が触れるようならRは付けるべきだけど、特に人が触れないようなら、先ほど滑川くんが説明

図表 3-28　R がある場合とない場合の金型の違い

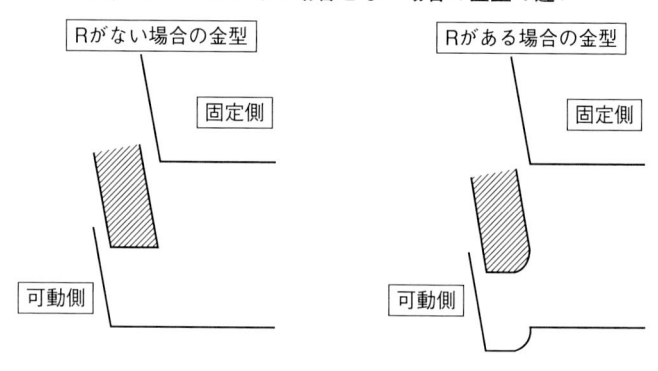

図表 3-29　加工が必要な個所

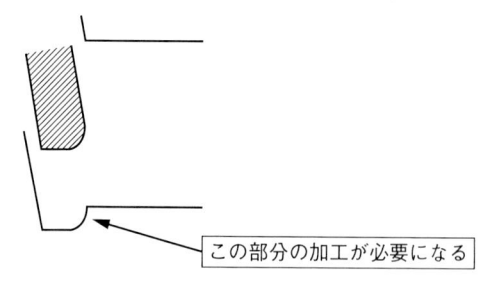

この部分の加工が必要になる

してくれた 2 つの理由とは矛盾するけど、あえて角を尖らせたままにするのもありだよね。

　なるほど、ただひたすら R をつければいいってもんでもないんですねぇ…。

3-7 公差

😀 さて、いよいよ金型を意識した製品設計の最後の 1 項目だ。

🙂 おお、長かったですね…。

😀 ははは、頭から煙出てないかい？もうひと踏ん張り、頑張って。

🙂 はい。

😀 では、最後は公差について。例えば、長さ 100mm で指示されている製品があったとするよね？図面上は 100mm と表現されていても、実際の製品はぴったり 100mm でできているということはほぼない。気温や湿度、材質など様々な条件によって、多少の誤算を生じるものなんだ。

🙂 なるほど。

😀 ここでその製品にとって、その 100mm という長さがどの程度重要なのかということを考える必要がある。100mm が 150mm でできてしまったらさすがに問題外だろうけど、5/100mm 大きくできてしまった場合、すなわち 100mm の製品が 100.05mm でできてしまう分には、製品としてまったく問題ないかもしれない。

それから、この 100mm の製品が反っていても許されるのか？相手部品との位置関係でどのように規制されるのか？というのも重要になってくる。このように、その製品や部位によって許容できる誤差というものがある。この許容できる誤差の範囲のことを公差というんだ。

そして、公差には、大きく寸法公差と幾何公差の 2 種類がある。

寸法公差とは、寸法のズレがどのくらいまで許せるかの差のこと。

幾何公差とは、寸法ではなく垂直度や平行度などの位置関係における公差の

図表3-30　幾何公差一覧

幾何公差の種類		記号	定義	基準指示
形状公差	真直度公差	—	直線形体の幾何学的に正しい直線からのひらきの許容値	否
	平面度公差	▱	平面形体の幾何学的に正しい平面からのひらきの許容値	否
	真円度公差	○	円形形体の幾何学的に正しい円からのひらきの許容値	否
	円筒度公差	⌭	円筒形体の幾何学的に正しい円筒からのひらきの許容値	否
	線の輪郭度公差	⌒	理論的に正確な寸法によって定められた幾何学的輪郭からの線の輪郭のひらきの許容値。	否
	面の輪郭度公差	⌓	理論的に正確な寸法によって定められた幾何学的輪郭からの面の輪郭のひらきの許容値	否
姿勢公差	平行度公差	∥	基準直線または基準平面に対して平行な幾何学的直線または幾何学的平面からの平行であるべき直線形体または平面形体のひらきの許容値。	要
	直角度公差	⊥	基準直線または基準平面に対して直角な幾何学的直線または幾何学的平面からの直角であるべき直線形体または平面形体のひらきの許容値	要
	傾斜度公差	∠	基準直線または基準平面に対して理論的に正確な角度をもつ幾何学的直線または幾何学的平面からの理論的に正確な角度をもつべき直線形体または平面形体のひらきの許容値	要
	線の輪郭度公差	⌒	理論的に正確な寸法によって定められた幾何学的輪郭からの線の輪郭のひらきの許容値	要
	面の輪郭度公差	⌓	理論的に正確な寸法によって定められた幾何学的輪郭からの面の輪郭のひらきの許容値	要
位置公差	位置度公差	⌖	基準または他の形体に関連して定められた理論的に正確な位置からの点、直線形体、または平面形体のひらきの許容値	要・否
	同心度公差	◎	同心度公差は、基準円の中心に対する他の円形形体の中心の位置のひらきの許容値	要
	同軸度公差	◎	同軸度公差は、基準軸直線と同一直線上にあるべき軸線の基準軸直線からのひらきの許容値	要
	対称度公差	⌯	基準軸直線または基準中心平面に関して互いに対称であるべき形体の対称位置からのひらきの許容値	要
	線の輪郭度公差	⌒	理論的に正確な寸法によって定められた幾何学的輪郭からの線の輪郭のひらき許容値	要
	面の輪郭度公差	⌓	理論的に正確な寸法によって定められた幾何学的輪郭からの面の輪郭のひらきの許容値	要
振れ公差	円周振れ公差	↗	基準軸直線を軸とする回転体を基準軸直線のまわりに回転したとき、その表面が指定された位置または任意の位置において指定された方向に変位する許容値	要
	全振れ公差	⌰	基準軸直線を軸とする回転体を基準軸直線のまわりに回転したとき、その表面が指定された方向に変位する許容値	要

こと。（図表 3-30）

この 2 つの交差を製品の条件に合わせて設定するんだ。

　　すっすみません。もう少し詳しく教えてください。

　　了解。

まずは、寸法公差について。例えば、**図表 3-31** のような棒にリングをはめたい場合。リングの径が棒よりも、大きすぎればリングは抜けてしまうし、小さすぎれば入らないよね。このような場合には、適正な寸法を指示する必要があり、その寸法の許容範囲を示さなければならない。

一般的な公差については、JIS で規定されているので特に注記する必要はないけれど、JIS の規定以上に寸法精度がシビアになる部分については別途公差を指示する必要がある。寸法公差は次のように表現するんだ。

長さに対しては

　$100^{+0.05}_{0}$ mm

意味は、「最大許容寸法 100.05mm から最小許容寸法 100mm の範囲で寸法を仕上げる」だ。穴やピンといった円形状に対しては、次のような記号を用いて交差を表現する。

　　難しそうですね…。

図表 3-31　棒にリングをはめる

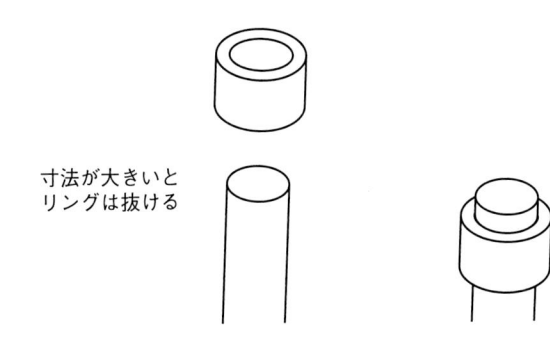

寸法が大きいと
リングは抜ける

図表 3-32　金型向けに図表 0-5 を修正した図面

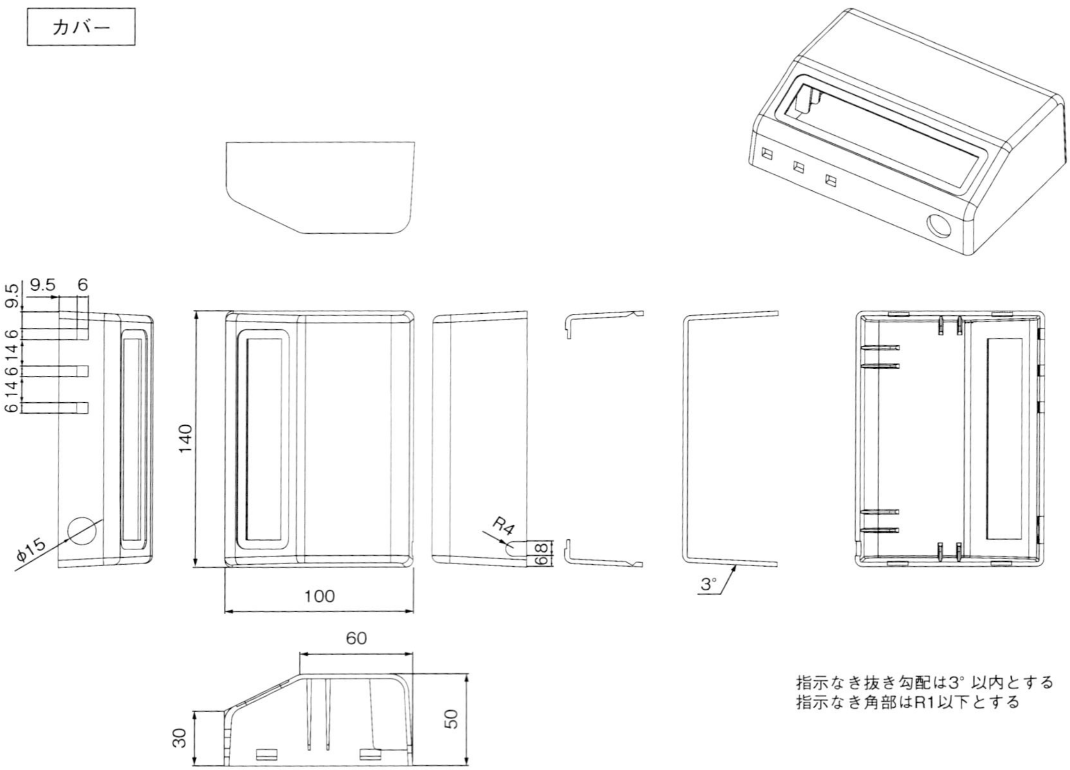
カバー
9.5
9.5
6
6
14
6
14
6
φ15
140
100
R4
8
6
3°
60
30
50
指示なき抜き勾配は3° 以内とする
指示なき角部はR1以下とする

3章 金型を考慮した製品設計とは？

指示なき抜き勾配は3°以内とする
指示なき角部はR1以下とする

ベース

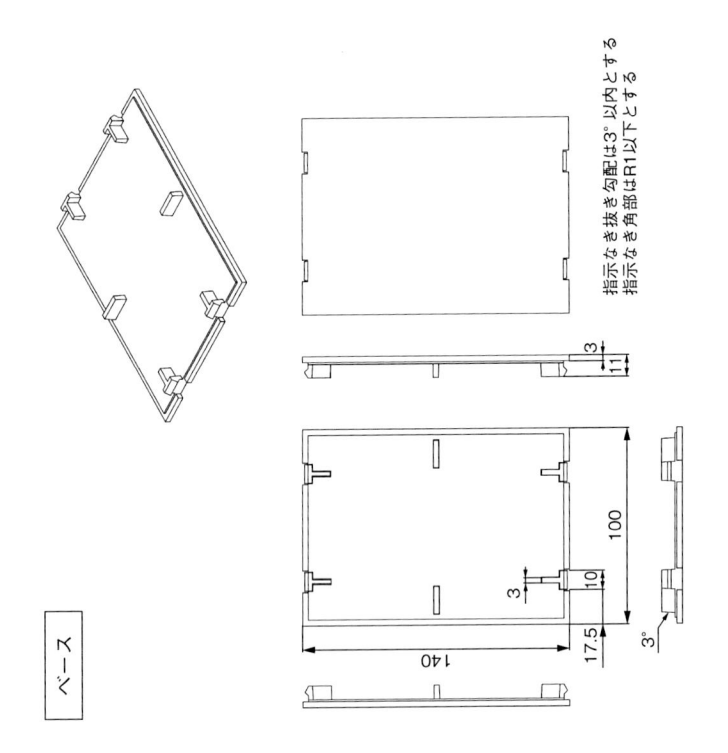

うーん、まあ、そのへんは慣れかなあ…。
　次に幾何公差について。これはさっきも言ったけれど垂直度、平行度などを表す交差のことをいうんだ。幾何公差は図表3-30のような記号と共に表現する。

うーん、これは手当たり次第に公差入れちゃおうかな…。

うわ、それだけはやめて！！
　公差を入れるということはシビアな寸法が必要ということだから、寸法管理をする必要が生じてくる。それってその分、労力がかかるのでコストアップの原因につながるんだ。公差は本当に必要な部分に適切に設定して、寸法管理を最低限で抑えることが望ましい。

なるほど。

公差の入れ忘れは確かにまずいけれど、過剰な交差の設定もまずいということを知っておいてね。

わっわかりました（汗）。

さて、以上を踏まえて今回の製品を金型向けに修正してみようか。

はい！
　……落守さん、このようになりました。（**図表3-32**）

どれどれ…うん、いいね。では、これでいよいよ金型の手配にかかるとするよ。

よろしくお願いいたします！！

4章　はじめての金型設計

4-1　最低限これだけは確認してから設計する
　　　―金型設計前の確認事項
4-2　樹脂の通り道を設計する
4-3　製品の分割位置を設計する
4-4　金型の温度調節を設計する
4-5　製品を取り出すための設計をする
4-6　普通では抜けない形状を処理する
4-7　その他の部品を設計する
4-8　最後に完成した図面をチェックしてみる

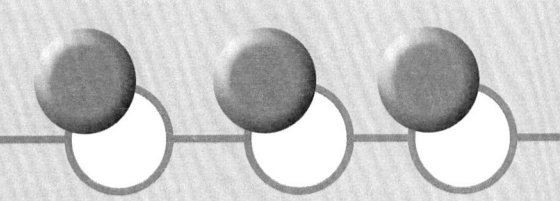

4-1 最低限これだけは確認してから設計する―金型設計前の確認事項

滑川くんのデザインした測定器も、無事に量産用に製品形状の修正が済みいよいよ金型の設計・製作に入ることになりました。実は今回のこの製品、最近では珍しく納期に余裕がある…ということで、落守さんは新卒で採用した新人の木杉くんに勉強も兼ねて金型の設計をやらせることにしました。

お～い、木杉くん。

なんでしょう？

今度、うちで金型を作ることになったこの製品なんだけどね。

あ、滑川さんのデザインされたやつですね？

そう、その滑川くんのデザインしたこの製品の金型なんだけどね。

はい。

君に一から設計やってもらうことにしたから。

はい、わかりました…って、えええぇ！！

大丈夫、大丈夫、ちゃんと教えてあげるから。

は、はい…。

では、早速、始めますね…。

ちょっと待って、いきなり闇雲に設計を始めたらうまくいくものもいかないよ。まずは設計を始める前に確認しておきたい項目というものがあるんだ。

確認しておきたい項目ですか？

そう、何事にも事前の準備が大切ということだね。金型設計においてあらかじめ確認しておきたいポイントは次の5つになる。

金型設計前の確認事項
　ポイント1　収縮率
　ポイント2　製品の成立性・形状
　ポイント3　製品の取り数
　ポイント4　ゲート位置
　ポイント5　使用する成形機

うう、5つも…。

まぁ、正直、納期は待ってくれないので、この5つがわからない場合でも設計を進めてしまうこともあるけれど、この5項目に関してはできるだけ設計前に知っておくといいよ。一つひとつ説明しようか？

ぜひお願いします！！！！！！！！！！！

◎ポイント1　収縮率◎

まずは収縮率について、樹脂は、製品の状態では固体だけど、金型に流すときは液体だろ？

はい。

固体の状態と液体の状態では体積が若干変化するんだ、その体積比のことを収縮率という。製品図面は、製品の状態での図面なわけだから固体だろ？

はい。

金型に流れる樹脂は液体なわけだから、製品図面の寸法そのままで金型を作成してしまったら取り出す製品は体積比の分、小さな製品ができてしまう。なので、必ず金型の設計をするときには、製品寸法に収縮率をかけて体積比を見込んだ状態で金型を設計しなければいけないんだ。

製品図と金型では寸法が違うというわけですね。

そういうこと。具体的に、収縮率は0.7%とか、7/1000いった数値で表されている。製品寸法にこの収縮率をかけたものが金型上の寸法ということになるんだ。

例えば、製品の長さが100mmで、収縮率が7/1000だった場合、金型では収縮率を考慮して次の寸法で加工しなければいけない

製品寸法　×　収縮率　＝　金型寸法
100mm　×　1.007　＝　100.7mm

0.7mm大きく加工するわけですね。

うん、そういうこと。
ちなみにこの収縮率は、樹脂の種類で変わってくるのはもちろんだけど、同じ樹脂でもグレード、ようするに性質によって違う場合もあるからその都度調べた方がいいよ。

そういえば今回の製品はどんな樹脂を使用するか決まっているんですか？

うん、今回は一般的なABSで収縮率は7/1000だよ。

わかりました。

◎ポイント２　製品の成立性・形状◎

その製品が金型で成立するのかどうか、また、金型にするうえで加工性や耐久性に問題がないかどうかそういったことを確認する必要がある。

　要するに、客先から送られてきた製品図面に対して次の２つの視点で製品形状を再検討する必要があるってこと。

製品形状を再検討する目的
1　成形された製品の完成度を上げるため
2　金型として成立させるため

製品の完成度を上げるというと、抜き勾配とかアンダーカットとかですか？

おお！　その通りよく知っているね！！

ええ、先日滑川さんが自慢げに語ってくれました。

…。

　さて、その滑川くんがデザインをした製品形状がある。滑川くんは製品を金型で量産するために抜き勾配、アンダーカット、公差などを考慮して製品図面を修正してくれたから、その辺は今回こちらで修正する必要はない。

😀 ということは、ポイント2の金型として成立させるためには、特に何もしなくていいのですか？

😀 そうはいかない、滑川くんが修正してくれた内容はあくまで製品目線の修正。あくまで成形された製品の完成度を上げるための修正であって、金型に対しての成立性はこちらで見なければならない。角のRの大きさや形状に深くて狭い部分がないかなど、木杉くんがやらなければならないことはこの製品図から、いかに作りやすい、耐久性のある金型を製作するかを検討しなければならない。

😀 具体的にいうと、どんなことでしょう？

😀 そうだね、例えば角のR、このRが今はR5で設計されているよね？

😀 はい。

😀 となると、加工はR5の刃物では加工できない。それより小さい刃物を使用する必要があるんだ。この製品のRがR5じゃなくてR5.5だったらR5の刃物が使えるようになる。

😀 なるほど！！

😀 それから、金型というのは製品を反転した形状になるよね？

😀 はい。

😀 製品で細くて深い溝があったら、金型では細くて長い凸形状ができることになる。こういった形状はどうしても耐久性に難がでてくるから避けたいね。

逆も同じだよ。製品で凸形状があるということは、金型では凹形状になる。この凹形状が深いと金型で加工するのが困難になってくるのでできるだけそれも避けたい。

そういった形状変更は、製品の都合というよりは金型の都合になるので、滑川くんのようなデザイナーさんや製品設計の担当者に設計段階で要求するのは酷というもの。

我々金型メーカーで検討・提案しなければならない。製品設計側と金型設計側の都合をすり合わせてようやく金型向けの製品形状ができるわけだね。

なるほど、ただ来た製品形状をそのまま金型にするわけではないんですね。

うん、そういうこと。この段階でいかに問題点を潰せるかで後々の工数軽減に繋がってくる。なので製品形状に関する確認、提案はしっかりと行いたいね。

◎ポイント３　製品の取り数◎

１つの金型で何種類の製品を何個成形するのかをはっきりしておかなければならない。１つの金型に対して、成形する製品は別に１つである必要はないし、それが違う製品でも構わない。

たい焼きだって、１つの型で大量に作るよね。あれと同じ事が射出成形金型にもいえるんだ。

なるほど。

例えば、自動車部品なんかだと、左右対称の部品が多いので、１つの金型で左右セットで成形する事が多い。それから多数個取りの代表格といえばプラモデルが挙げられる。あれは１つの枠が１つの金型になる。

１つの金型で、何種類の製品を何個とるのか？この数によって金型のサイズは大きく変わってしまう。そのために、金型における取り数は設計前にしっかりと決めておく必要がある。

これを決めないことには、金型の大きさ、製品のレイアウトが決められないから設計を進めるどころの騒ぎじゃないよね。

ええと…今回必要な製品は本体とベースの2種類だから、この2つの製品を1つの金型で1つずつ取るような設計にしようかな…。

うん、いいんじゃないかな。

◎ポイント4　ゲート位置◎

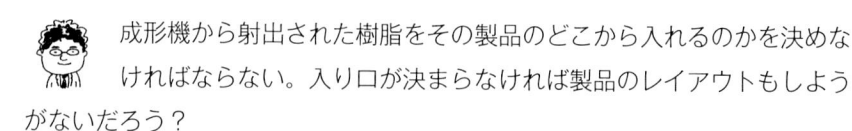

成形機から射出された樹脂をその製品のどこから入れるのかを決めなければならない。入り口が決まらなければ製品のレイアウトもしようがないだろう？

そりゃそうですね。

この樹脂の入り口のことをゲートというんだ。ゲートの位置はどこでもいいわけではない。変な位置に入れてしまうと、樹脂が全体に行き渡らなかったり（ショートショット）、製品に変な線が出てしまったり（ウェルドライン）とさまざまな不具合の原因になってしまうんだ。

ゲートの形状によっては、ゲートをカットした跡が製品に残ってしまう。人の目に触れるような外観部品の場合にはこのゲート跡を嫌がるので、そのような場合には製品として目立たない位置にゲートを設定しなければならない。

製品によってはゲートを結構決めるのに難儀しそうですね…。

そうだね。もし流動解析ができるのであれば、設定したゲートの位置で樹脂の流れを解析し、製品に不具合が出ないかどうか確認しておくといいね。

そうですね！

ちなみにこのゲートには目的に応じてさまざまな形状がある。現時点で形状まで決められればいうことないけど、まずはゲートの位置が製品のどこになるのかを決めたいね。

わかりました。ゲートの形状はそんなに種類があるのですか？

　まあ、製品の形状で自然に決まってくるものもあるけれどね。具体的な設計の段階に入ったら詳しく説明するとして…取り急ぎ、今回のゲート位置はここにしようか？

　わかりました。

◎ポイント５　使用する成形機◎

　金型を成形機に取り付けるためには、成形機によるいくつかの制約があるんだ。

当然だけど金型の設計をする際にはこの成形機の仕様を考慮して設計しなければならない。

　できた金型が成形機に取り付かなかったら洒落にならないですね…（汗）

　そういうこと。そんな最悪な事態を避けるためにも、この仕様はしっかりと確認してく必要がある。さて、一口に射出成形機といっても、メーカーごと、そして成形機の型締力（成形機が金型を締め付けておく力のこと）によって、非常に多くの種類がある。例えば、自動車のバンパーと携帯電話のカバーでは製品の大きさがまったく違うよね？　当然、金型の大きさもまったく変わってくる。

　それはそうですよね。携帯電話のカバーと自動車のバンパーの金型のサイズが同じだったら、ちゃんちゃらおかしいです。

　だよね。製品の大きさが違えば、当然その金型の大きさも違ってくる。携帯電話のカバーと自動車のバンパーぐらい大きさに差があったらそれは顕著だよね。それだけ大きさの違う金型を同じ成形機でやるっていうのもおかしい話だと思わない？

図表 4-0　金型の仕様

金型の取付寸法	金型は一般的に上から吊り下げて成形機に取付けられる。そのためタイバーの幅による寸法の制約が生じる。また、成形機によっては金型を取り付けるための位置が決まっている場合があるため、そこでも寸法の制約が生じる
金型の厚み	成形機によって、金型の最大および最少型厚が決まっている
ロケートリング径	ロケートリングは金型と成形機の位置決めの役割をする。成形機の固定盤（固定プラテン）にあいている穴径によってロケートリングの径が決まる
ノズル部寸法	成形機に付いているノズルの内径およびノズルタッチ部の半径に合うようにスプルーブッシュの寸法を設定する
突出し部寸法	成形機から突出板を突き出すための押し出しロッド（エジェクターロッド）の位置及び径

　う〜ん、確かに…バンパーぐらいの大きさの金型が成形できる成形機は相当な大きさですよね？　それに携帯電話のカバーほどの大きさの金型を取り付けたらミスマッチな気がしますね。

　だろ？バンパーのような大きな金型が成形できるような成形機に携帯カバーのような小さな型を取り付けたら、力に耐えられずに金型が壊れるし、携帯電話のカバーを成形するような成形機にバンパーを取り付けても力は足りない。そもそもサイズが違いすぎて成形機に取り付けることすらできない。というわけで、金型のサイズによって使用する成形機は異なり、当然成形機の仕様も異なってくるというわけだね。

　いわれてみれば当たり前のことですね。
　成形機がいろいろな種類があることはわかりました。成形機によって決まる金型の仕様にはどのようなものがあるんですか？

　おっ、やる気があっていいね♪　成形機で決まってくる金型の仕様には主に**図表 4-0**のようなものがあげられる。成形機そのものが特注だったり、成形する場所の設備によって別途注意しなければならないこともある場合もあるけれど、最低限「収縮率」、「製品の成立性・形状」、「製品の取り数」、「ゲート位置」、「使用する成形機」の5項目は確認しておきたいね。

4-2 樹脂の通り道を設計する

設計前の5つのポイントが確認できたところでいよいよ本格的な設計に取り掛かります。

◎ポイント1　製品のレイアウトを考える◎

> まずは、製品のレイアウトを考えてみよう。

> いよいよ本格的な設計ですね！

> そうだね。製品のレイアウトを考える上で参考になるのがプラモデルだ。

> プラモデルって、あのプラモデルですか？

> そうあのプラモデル。あれって複数の部品がフレームのようなもので一緒になっているだろう？

> そうですね。

> あのフレーム部分、樹脂の通り道のことをランナーというんだ（**図表4-1**）。

金型でとりたい製品をレイアウトしてそれらをランナーでつなげてあげる。バランスが悪いと樹脂がうまく充填されずにショートショットなどの製品不具合につながってしまうので、ランナーや先ほど少し話しをしたゲートを含めた製品のレイアウトは非常に重要になる。

> 極端な話だけれど、図表4-1のように2つの製品の距離がバラバラだと明らかにバランスが悪いよね。こうなると、ランナーの長い側は

図表 4-1　ランナー

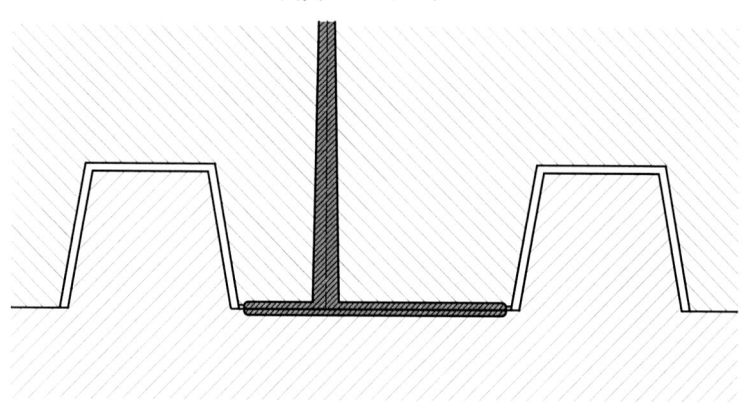

ショートショットになってしまう可能性が高い。

　　距離は均一がいいってことですね。

　　そういうことだね。だた同じものを2個取るのであればレイアウトもわかりやすいけど、大きさが極端に異なる製品を多数個取りするのであれば、ランナーの径や距離は相当工夫する必要がある。
　そういう意味でも、複数の形状をまとめて成形するプラモデルは絶妙なバランスでレイアウトされているといえるよね。

　　はぁ～、プラモデルって何気にすごいんですね…。

　　そういうことだね。ちなみにランナーの形状として理想的なのは断面が円形のランナーだ。また、加工が片側だけで済むことから断面が台形のランナーもよく使われる。(**図表 4-2**)

　　ゲート位置の時にも話したので繰り返しになってしまうけれど、流動解析を行って樹脂の流れを解析してゲート位置と一緒に最終的なレイアウトを決めてもいいね。

　　じゃあ！　さっそく解析しましょう！！

4章　はじめての金型設計

図表 4-2　理想的なランナーの断面形状

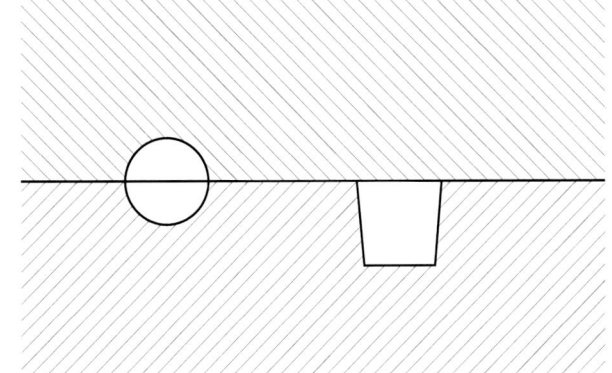

あ、うちにはないけどね。

…。

いや、だって流動解析のソフトは高価だからね（汗）まあ、今回のように同じぐらいの大きさの製品であれば単純にレイアウトして問題ないよ。

◎ポイント2　ゲートとは◎

ゲートには製品形状や条件によって様々な形状がある。その製品の用途や形状などの条件でゲート形状を決めるといいね。

具体的にはどのようなゲートがあるんですか？

うん、ザッと表にすると**図表 4-3** のようになる。

図表4-3　ゲートの種類

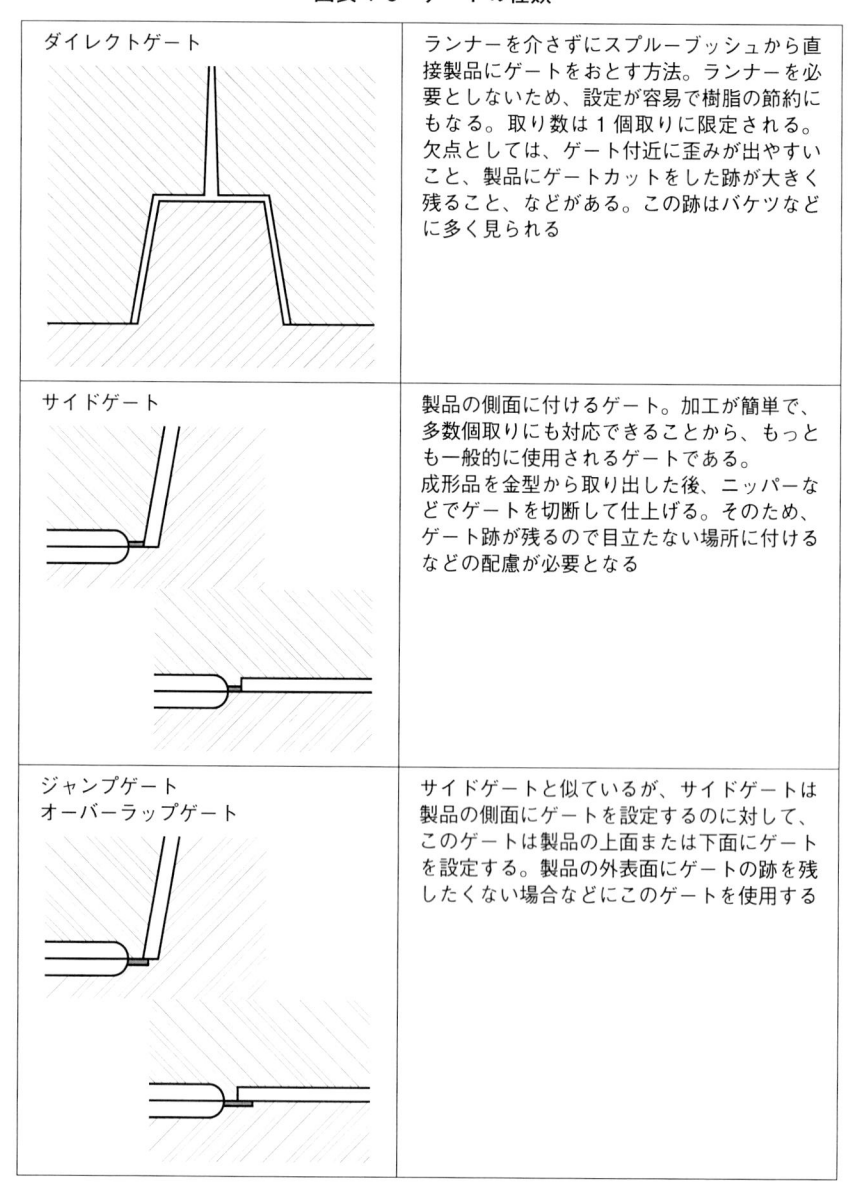

ダイレクトゲート	ランナーを介さずにスプルーブッシュから直接製品にゲートをおとす方法。ランナーを必要としないため、設定が容易で樹脂の節約にもなる。取り数は1個取りに限定される。欠点としては、ゲート付近に歪みが出やすいこと、製品にゲートカットをした跡が大きく残ること、などがある。この跡はバケツなどに多く見られる
サイドゲート	製品の側面に付けるゲート。加工が簡単で、多数個取りにも対応できることから、もっとも一般的に使用されるゲートである。成形品を金型から取り出した後、ニッパーなどでゲートを切断して仕上げる。そのため、ゲート跡が残るので目立たない場所に付けるなどの配慮が必要となる
ジャンプゲート オーバーラップゲート	サイドゲートと似ているが、サイドゲートは製品の側面にゲートを設定するのに対して、このゲートは製品の上面または下面にゲートを設定する。製品の外表面にゲートの跡を残したくない場合などにこのゲートを使用する

4章 はじめての金型設計

サブマリンゲート トンネルゲート 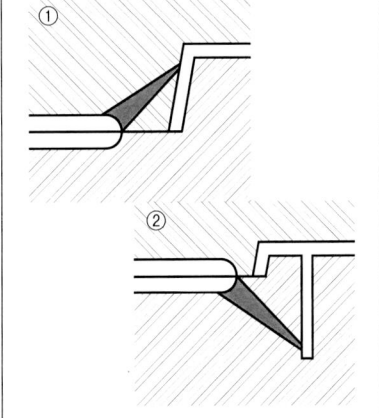	このゲートは自動的に切断される。そのため、ゲートの仕上げが不要となる。多少のゲート跡は残るがあまり目立たない。 図のように可動側にゲートを潜らせる場合②と固定側に潜らせる場合①がある。可動側に潜らせる場合には、突出し動作によりゲートが切断されるのに対して、固定側に潜らせる場合は型開きの際にゲートカットされる。 ゲートを金型に、潜らせるため加工が手間である
カルフォーンゲート バナナゲート 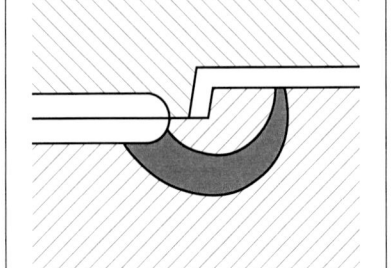	サブマリンゲートを湾曲させたゲート。製品の形状によってこのようなゲート形状になる。効果はサブマリンゲートと同様であるが、湾曲しているため、加工はさらに手間がかかる。さらにゲート部分が金型から抜けにくいため、突出しに気を使い、抜け対策を十分に設定する必要がある
ピンゲート 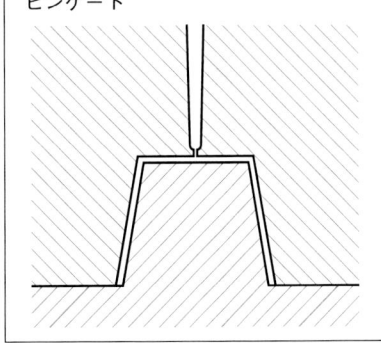	3プレート構造でゲートが自動的に切断されるゲート構造である。仕上げ不要であるが、切断跡が凸に残らないよう切れ対策が必要。ランナーのレイアウトの自由度が高く、多点ゲートも可能なことから応用性が高いゲート構造である。 ただし、ゲートの径が小さいため、アクリル樹脂のような流動性の悪い樹脂には向いていない。また、ガラス入りの樹脂などもゲートの摩耗を生じゲートの切断がうまくいかない場合があるため向いていない

フィルムゲート フラッシュゲート 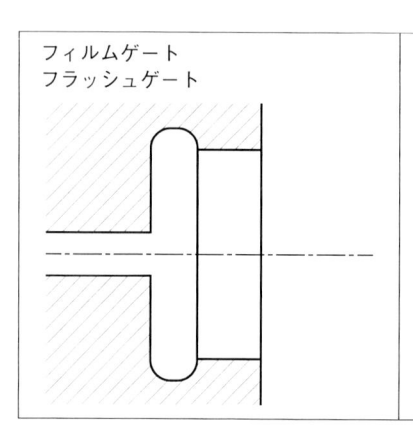	製品に沿ってランナーを付けたフィルム状のゲート。幅が広いため樹脂が製品に均一に流れる。 均一な流れは、変形やゆがみなどの不具合防止に効果がある。そのため、薄板状の成形品に有効である。 ゲートの仕上げに難がある。

図表 4-4　サブマリンゲートのカットの流れ

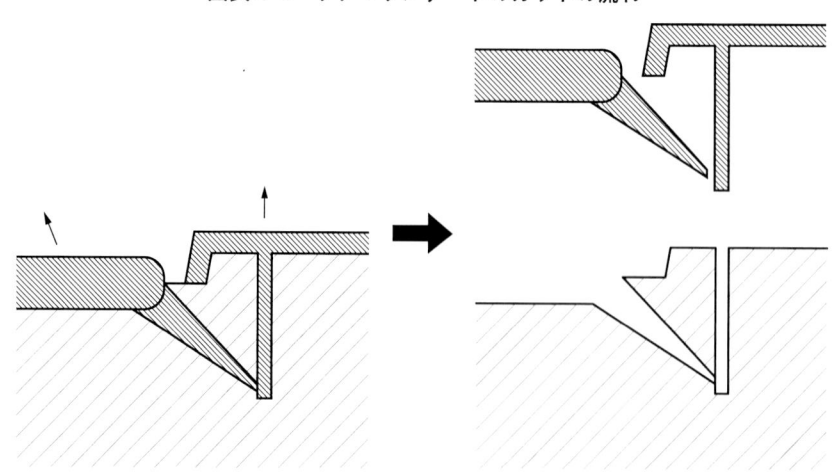

🧑 サブマリンゲートやカルフォーンゲートは自動的にゲートがカットされるんですか？

🧑 そうだよ。具体的には**図表 4-4** のような動きになる。

4-3 製品の分割位置を設計する

◎ポイント1　パーティングライン◎

　射出成形金型では製品を固定側と可動側に分ける必要がある。この分割の位置をパーティングライン（PL）というのはもう知っているよね？

　はい、製品を金型平面で見た時に一番外側になる部分がPLですよね（**図表4-5**）。

　うん、その通り。このPLの変化をあまり複雑にしてしまうと金型のあわせが難しくなってしまいバリなどの不具合を生じてしまう。できる限りPLは単純にしたい。それこそ製品設計の段階で、PLについてお客様に提案できたらいいよね。

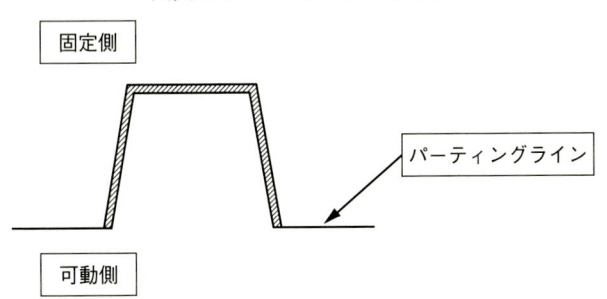

図表4-5　パーティングライン

◎ポイント2　入れ子◎

　製品の形状によっては金型としては形状が成り立っているが、そのままでは次のような不具合形状がある。

考えられる不具合の原因
1. 材料の歩留まりが悪い
2. 加工性が悪い
3. 成形がうまくいかない

それはどんな形状ですか？

材料の歩留まりについてはわかりやすいと思うよ。
　例えば、ちょっとだけ凸形状が出ているような場合。当然、材料は凸形状の分必要になるし、加工性を考えても、もし凸形状がなければ一気に加工することができるよね。正直な話、加工性のことだけ考えれば、この凸形状は邪魔でしかない。（**図表 4-6**）

図表 4-6　凸形状の加工〜削る

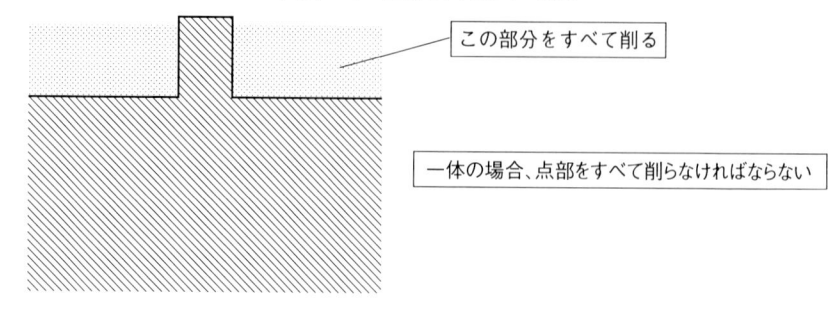

この部分をすべて削る

一体の場合、点部をすべて削らなければならない

まあ、確かに邪魔ですね…。

そこで凸の部分を**図表 4-7** のように金型設計の段階で別部品として設定してあげるとどうだろう？

図表 4-7　凸形状の加工〜入れ子

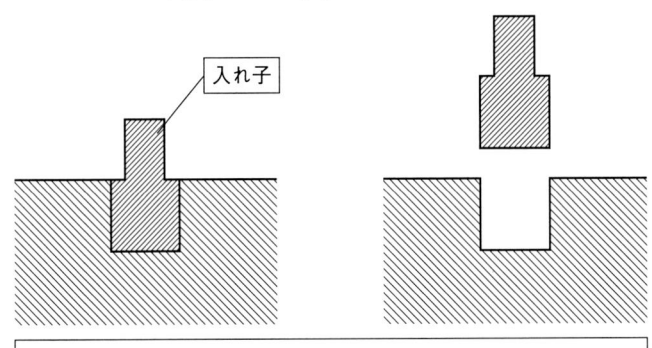

別部品を設定した場合。入れ子の掘り込みを加工するだけでよい。別部品として入れ子を加工する必要があるが、サイズが小さくなるので一体で加工するより加工性はよい

🧑 あ！　材料の歩留まりは明らかに良くなりますね。それに加工もこの方が早そうです。

👨 そういうこと。この別部品のことを入れ子といって、歩留まりや加工性、成形性を上げるために適宜設定するんだ。

🧑 なるほど…今のは歩留まりの例ですよね。加工性や成形性の例はどのようなものがあるんですか？

👨 うん。例えば製品で**図表 4-8** のような断面の形状があったとする。金型にすると**図表 4-9** のような形状になるよね？

図表 4-8　製品形状の例

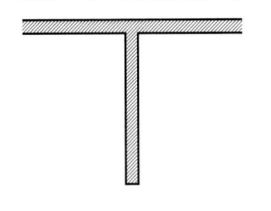

図表 4-9　図表 4-8 の金型

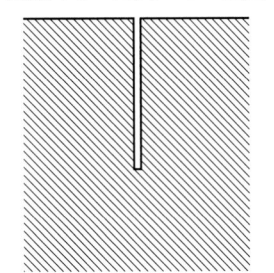

🧑 はい、そうですね。

🧑 要するに金型では細く深い形状を掘らなければならなくなる。このような形状を加工する場合、通常の刃物では刃が奥まで届かずに加工できない可能性が高い。

🧑 あ…。

🧑 放電加工という方法を使えばこの形状でも加工できなくはないけれど、放電加工は電極という部品を別途用意しなければならないのでできれば避けたい。

🧑 そうですね。工程がひとつ増えるわけですものね…。

🧑 だろ？このような場合の対策として、入れ子を設定して通常の刃物で加工できるようにしてあげるんだ。

🧑 具体的に教えてもらっていいですか？

🧑 例えば、先ほどの断面も、そのままでは刃物では加工できない。しかし、こうやって2つの部品に分けたらどうだろう？（**図表 4-10**）

図表 4-10　図表 4-8 の金型〜入れ子

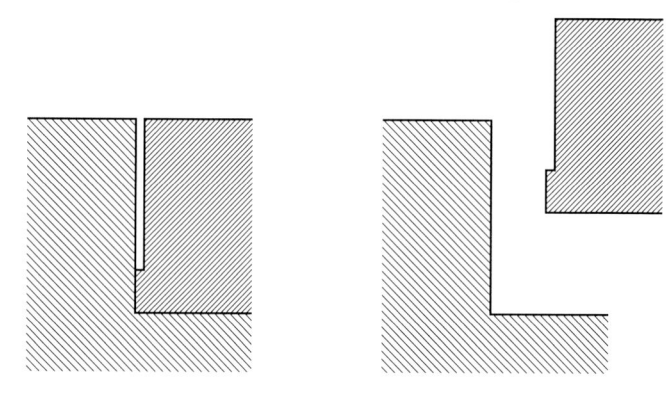

4章　はじめての金型設計

👦 あ！　それぞれの部品を刃物で加工できるようになりますね！！

👨 そう、こうすることによって放電加工という別工程を避けて、刃物での加工を可能にしてあげるんだ。

👦 なるほど。

👨 もうひとつ入れ子を設定する理由に、成形上の理由があげられる。もしこのままの形状で成形を行ってしまうと良品が成形できない可能性が高い。

👦 え？　どうしてですか？？？

👨 いいかい？　まず、樹脂が流れてくる前の金型には空気が入っているだろう？（**図表 4-11**）

図表 4-11　金型に空気が入る例

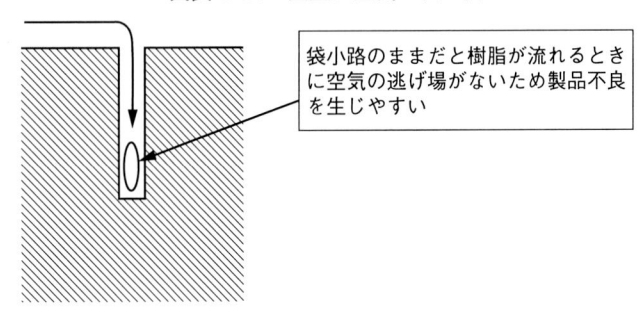

袋小路のままだと樹脂が流れるときに空気の逃げ場がないため製品不良を生じやすい

👦 そうですね。

👨 そこに樹脂が流れてくると、このような袋小路の形状では空気の逃げ場がなくなってしまう。

　そうすると樹脂がリブの先端まで充填されずショートショットと呼ばれる不具合の原因になってしまうんだ。その不具合を避けるためには、単純に空気の逃げ場を作ってやる必要がある。

🧑 そこで入れ子を設定するんですね！！

🧑 そういうこと。入れ子を設定することで入れ子の隙間から空気は逃げていく。結果として製品の不具合を回避できることになるんだ（**図表4-12**）。

図表4-12　金型に入った空気の逃げ道

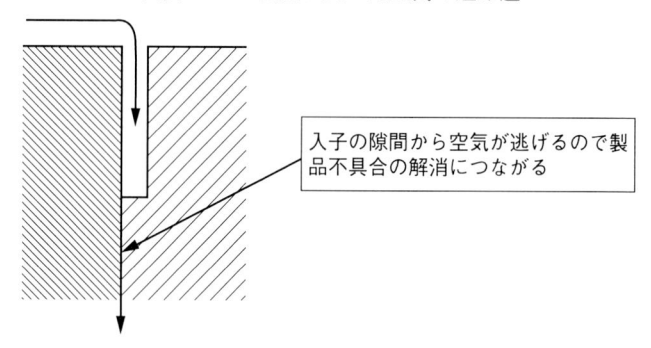

入子の隙間から空気が逃げるので製品不具合の解消につながる

🧑 なるほど、金型の加工にも、製品の成形にも入れ子の設定って重要なんですね。

🧑 そういうことだね。加工性の向上についてはコチラの都合だけど、成形性の向上はお客さまにも関係することだし、いい位置に入れ子を設定したいよね。あ、ちなみに入れ子を設定した部分には製品に線が出てしまう。製品として人の目に見える部分の設定には特に注意が必要だね。

◎ポイント３　ズレ防止◎

🧑 金型には樹脂の射出時に大きな圧力がかかるので、製品の形状によっては金型がずれてしまう可能性がある。

🧑 ええ！金型がずれるんですか！？

🧑 うん、それだけ大きな力が掛かってるってことだよね。金型がずれてしまってはいい製品を成形することはできない。なのでコッターと呼

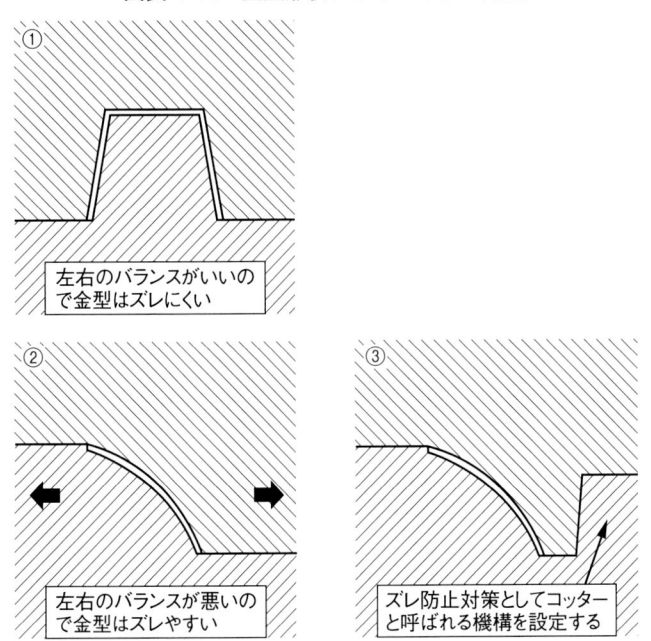

図表4-13　金型形状によるコッター設定

① 左右のバランスがいいので金型はズレにくい

② 左右のバランスが悪いので金型はズレやすい

③ ズレ防止対策としてコッターと呼ばれる機構を設定する

ばれるズレ防止のための構造を設定するんだ。

　コッターですか。

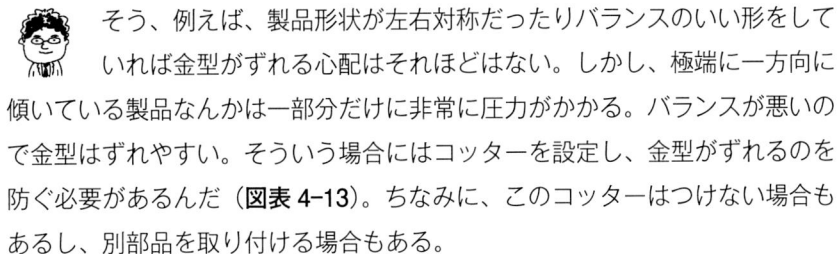

　そう、例えば、製品形状が左右対称だったりバランスのいい形をしていれば金型がずれる心配はそれほどはない。しかし、極端に一方向に傾いている製品なんかは一部分だけに非常に圧力がかかる。バランスが悪いので金型はずれやすい。そういう場合にはコッターを設定し、金型がずれるのを防ぐ必要があるんだ（**図表4-13**）。ちなみに、このコッターはつけない場合もあるし、別部品を取り付ける場合もある。

4-4 金型の温度調節を設計する

◎ポイント1　金型を冷やす◎

　金型で良品を成形するためには温度管理も大切になってくる。

　温度ですか。

　うん、樹脂は通常では固体なわけだけど。金型に射出するときには液体だろ？

　はい。

　で、成形が終わって製品を取り出すときには液体から固体に戻っているわけだ。

　そうですね。

　当然、樹脂が金型内に充填される前に固まってしまっては駄目だし、充填された後、液体のままでも駄目だよね。樹脂をしっかり充填させて、しっかり固化させるそのためにも金型の温度管理が必要になってくるんだ。

　あ、そういえば先輩から「冷却回路」なんて言葉を聞いたことがあります。それのことですね？

　うん、そうだね。呼び方として「冷却回路」ということが多いけど、実際には冷やすというよりは温度を調節するというのが正解。回路に流すものは水に限らず、お湯や油を流すこともあるし、場合によってはヒーターを設定することもある。

　ヒーターというと、金型を温めるんですか？

うん、樹脂の固化を抑えるためだね。
金型の温調は良質な製品をできるだけ早いサイクルで成形するために必要となる重要な項目なのでしっかりと抑えたいね。

◎ポイント2　冷却の構造◎

さて、その金型の温調の中で最も一般的な機構が金型に横から穴を通して水やお湯などを流す方法だ(**図表 4-14**)。いちいち水やらお湯やらいうのも面倒なんで、ここからは水で冷却するという前提で説明をすすめるよ。

製品によってはこの横穴だけで十分な場合もあるが、今回の製品に関してはこの横穴だけだと**図表 4-15** の丸印のあたりは横穴から距離があるので冷却効率が悪くなる。

あ、そうですね。横穴に近いところと遠いところで温度差ができそうですね。

その通り、温度差ができてしまっては樹脂の固まるところと固まらないところができてしまうかもしれない。まあ、そこまでは大げさにしても、温度差ができれば当然固化するタイミングがかわってくるし、その分製品不良が発生しやすくなる。金型の温度はできる限り均一にしたい。

図表 4-14　金型の冷却構造

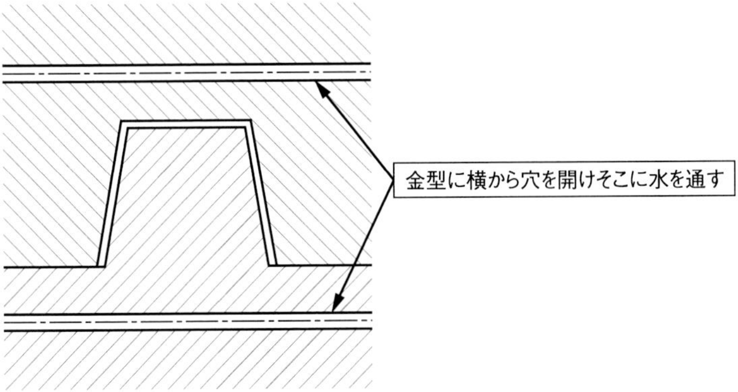

金型に横から穴を開けそこに水を通す

図表 4-15　冷却効率が悪い部分

丸の付近は横穴から遠いため冷却効率が悪い。
横穴から近い部分と遠い部分で金型に温度差が生じてしまう。

🧑 図表 4-15 の丸印にも冷却回路が設定できればいいんですよね…。

👨 うん、そういうことだね。というわけで、このような場合には金型の底面から PL に向かって**図表 4-16** のような穴を開けるんだ。もちろん、ただ穴をあけたまま水を流しても水漏れしてしまうのでスクリュープラグで穴をふさいで水が漏れないようにする。ちなみにこの穴のことを冷却タンクなんていったりするね。

🧑 なるほどこの穴に水が通れば確かに冷却が型内にまんべんなく行き渡りますね。

👨 ところが実はこのままでは行き渡らないんだ。

🧑 え、なんでですか？？？

👨 さっき説明した入れ子を設定する理由で成形上の理由を覚えているかい？

🧑 ええと…樹脂を製品の先端まで充填するための空気の逃げ場を作るためです。

👨 そうだね。同じ理由で冷却タンクにも空気が詰まっているわけだから水がタンクの先端に行き渡らない。

図表 4-16　冷却タンクの設定

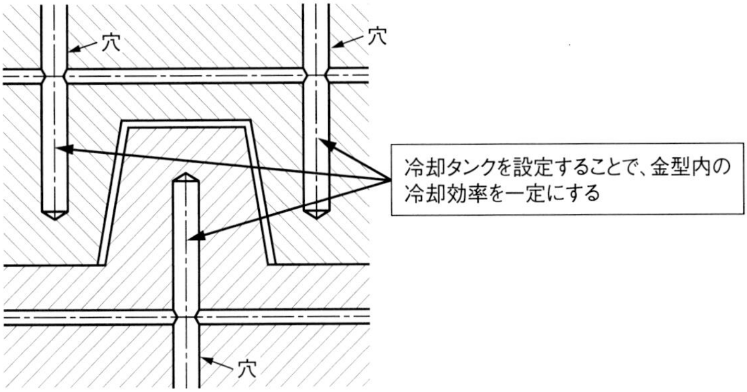

冷却タンクを設定することで、金型内の冷却効率を一定にする

そうするとどうすればいいんですか？

冷却タンク内に水を上手く流すためには、タンクにバッフルボードと呼ばれる仕切板を入れるんだ。この仕切板を設定することで**図表 4-17**のように水がスムーズに流れるようになる。

おお！　なるほど！！　これで冷却はバッチリですね！

基本的にはこれで問題はない。

基本的にはってことは例外があるんですね…。

まあ、何事も例外はつきものだよね。例えば、金型に**図表 4-18**のような大きな入れ子があったとする。冷却効率を考えるとできれば入れ子の中にも冷却を入れたいよね。

確かに入れ子にも入れたいですけど、入れ子に冷却回路を通したら当然水漏れしますよね？

うん、このままでは駄目だよね。でも、冷却は入れたいよねぇ…。

図表 4-17　冷却タンクに水を流す方法

タンク内に仕切りの板(バッフルボード)を設定することでタンクの先端まで水が行き届くようになる

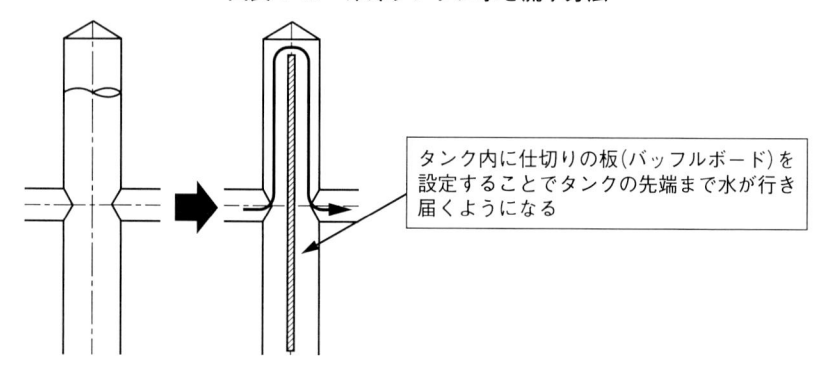

図表 4-18　入れ子のある金型

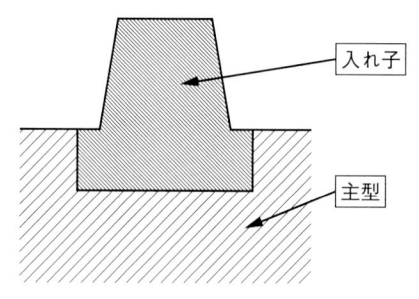

入れ子

主型

そっそれはそうですけど…。

そんな場合には、Oリングと呼ばれるゴムのリングを設定して水漏れを防止するんだ。水道の蛇口なんかに使われているパッキンのイメージだね（**図表 4-19**）。

おお！　これで水漏れもなく、型内をまんべんなく冷却することができるんですね！！

そうだね。近年、成形のサイクルタイムは短縮傾向にある。そのため冷却の設定は非常にシビアになってきている。実際に金型の温調を行うのは成形現場で行うわけだけど、生産性や品質の向上のために金型に対して最適な温調を設定することは金型設計の非常に重要な要素のひとつなんだ。

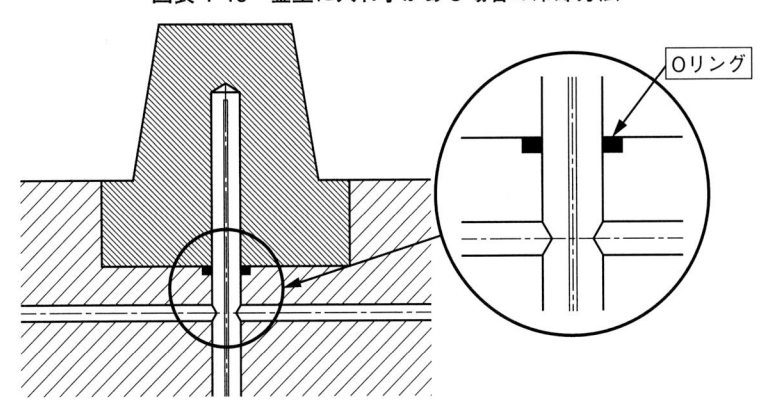

図表 4-19　金型に入れ子がある場合の冷却方法

　そして水などを流すという性質上、他の部品に干渉してしまっては台無しだ。下手をすると水漏れが原因で成形ができなくなってしまう可能性や、金型をまるまる作りなおす可能性もある。
　他部品との干渉を確実に避け、かつ最適な位置に冷却を設定することが金型設計者には求められるんだ。

　　がっがんばります。

4-5 製品を取り出すための設計をする

◎ポイント1　突出しとは◎

樹脂を金型に射出した後で金型を開くと製品は通常可動側に張り付いている。

固定側には張り付かないんですか？

固定側に張り付く場合もあるよ。でも、実は固定側に製品が張り付いてしまう場合は、「キャビ取られ」などと呼ばれる不具合なんだ。

え！？　そうなんですか！

詳しいことは実際に成形するときにでも改めて説明するよ。原則として成形品は可動側に張り付いていなければならない。

わかりました。

さて、この可動側に張り付いた製品は、金型から取りはずさなければならない。

そりゃそうですよね。

単純に金型に張り付くといっても、成形品は収縮率の関係でかなりがっつり金型に張り付いている。なので製品を金型から外すには相当な力が必要になってくるんだ。

というわけで、成形の現場には相当腕力のある人が必要になってくる。

…。

図表 4-20　突出し機構

エジェクターストローク

エジェクターロッド

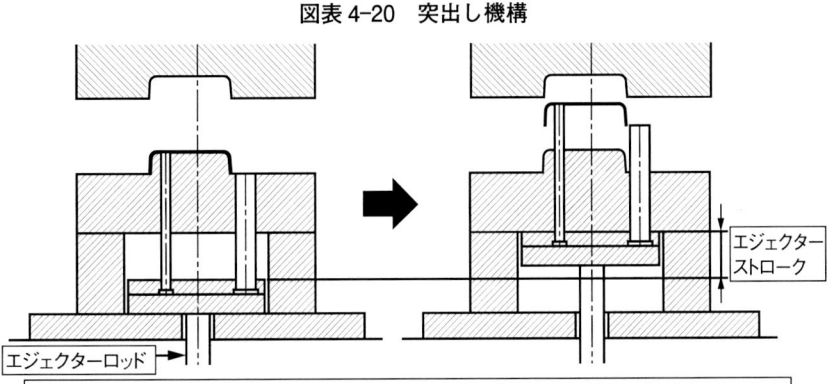

成形機から出てくるエジェクターロッドが金型の突出し板を押すことで製品を金型から押し出す

🧑‍🦱 …（ちょっと恥ずかしい）まぁ、そんなわけはなくて、そこで必要になってくるのが成形品を金型から取り外すための機構になってくる。これを突出し機構というんだ。

🧑‍💼 なんかすごそうですね。

🧑‍🦱 うんまぁ、突出し機構なんていうとすごい仕組みがありそうだけどね。基本構造は単純でエジェクターストローク（突出板の動く量）を利用して製品を突き出すだけ（**図表 4-20**）。

🧑‍💼 エジェクターストロークというと、突出板の動きを利用するわけですね。

🧑‍🦱 そういうこと。もっとも利用するというよりはそのために突出板が必要なわけだけどね。

　突出し機構についてもう少し詳しく説明するよ。突出板は射出成形機から出てくるエジェクターロッドによって押し出される。エジェクターロッドの位置は、成形機によって決まっているから、使用する成形機が決まったら、エジェクターロッドの位置を確保しておく必要がある。

　突出板が動けば、突出板に設定された突出ピンなどの突出板の動きを伝える機構も一緒に動く。この動きによって、製品が金型から外れるんだ。

この突出し板の動く量はどのくらいがいいんですか？

それは製品の形状によってある程度決まってくる。
「突出板の動く量（エジェクターストローク）＝製品を突き出す量」

だから、このストロークが少なすぎると突出し量が不十分となり、製品を取り出しにくくなってしまう。エジェクターストロークは成形品の高さを考慮して十分な量を設定しなければならない。

じゃあ、がっつりストロークさせてやればいいっすね。

おっと。やたらストロークを増やせばいいというものではないよ。ストロークを増やすということは、それだけ金型が厚くなるということだ。エジェクターストロークの量や金型の厚さは成形機の仕様で決まっているので、それを超えて設定してしまっては金型が成形機に取りつかず論外だし、必要以上に金型を厚くしてもコストがかかるばかりでいいことはない。

そりゃそうですね。

◎ポイント2　突出しの種類◎

突出しの方法にはさまざまな種類がある。具体的に説明していこうか。

お願いします。

1）ピンによる突出し

突き出しピン（エジェクターピン、EP）と呼ばれるピンで製品を突き出す方法だ。他の突出し方法に比べて、低コストで加工性がいいことから、最も一般的な突出し方法といえる。

ピンの断面形状は主として丸い形状のものが用いられる。他にも断面が四角

い形状のピンもあり、これは製品のリブや肉厚など幅が狭い範囲を突き出すために用いられる。だだ、角突出しピンは丸突出しピンに比べて加工性が悪い。

突出しピンは、「リブ」や「タテカベ」など、離型抵抗（金型から製品を剥がすときの抵抗）が大きい部分に設定すること。（**図表 4-21**）

そして基本的に製品には突出しピンの跡が残るので、人の目に触れるような部分には突出しピンを設定してはいけない。突出し機構は可動側だから、原則として製品の人の目に触れる側を固定側、触れない側を可動側に設定しておき、突出しピンの跡を気にしなくてもいいようにする。

> 今回の製品だと見えない側ははっきりしてるので設定しやすいですね。

> そうだね。ただし、突出しピンの径が細すぎると、ピンが製品を突き破ってしまったり、「白化現象」といって製品に白く跡が残る現象を起こしたりするため、ピンは製品の肉厚が薄くなるような場所には極力設定してはいけない。そしてピンの径は十分に確保する必要がある。（**図表 4-22**）

図表 4-21　製品形状による抵抗の違い

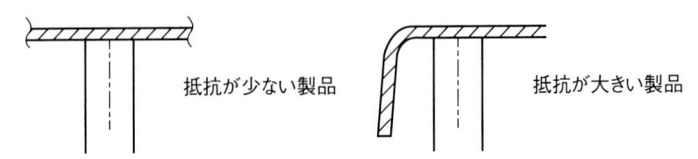

抵抗が少ない製品　　　抵抗が大きい製品

図表 4-22　ピンによる突出し

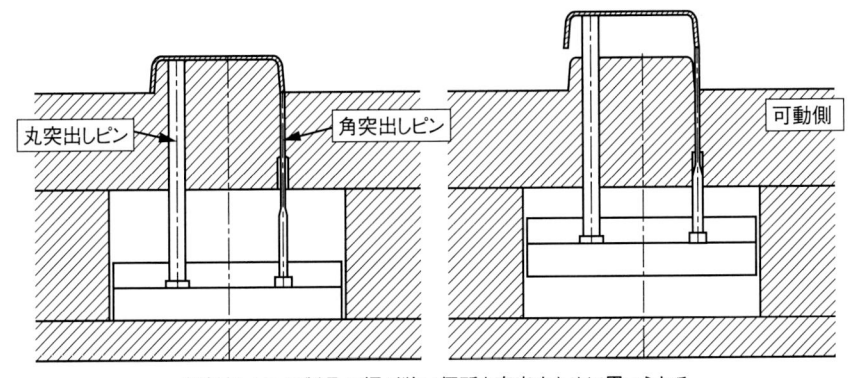

丸突出しピン　　角突出しピン　　可動側

角突出しピンは製品の幅が狭い個所を突出すために用いられる

そうそう突出しピンを設定する際に、製品形状が平坦な場所に設定するなら特に問題はないけれど、製品形状が変化している場所にピンを設定した場合、そのピンが回転してしまうと本来ほしい製品形状が成形ができなくなってしまう。(**図表 4-23**)

　そのため形状が変化している部分へ突き出しピンを設定する場合には回転止めを設定しなければいけないので忘れないようにね。(**図表 4-24**)

エジェクタピンの回転止め方法
- ① ツバにノックピンを入れる
- ② Dカットピン(ツバの片側をカットする)
- ③ 両側カット(ツバの両側をカットする)

図表 4-23　製品形状が平坦ではない場合のピンによる突出し

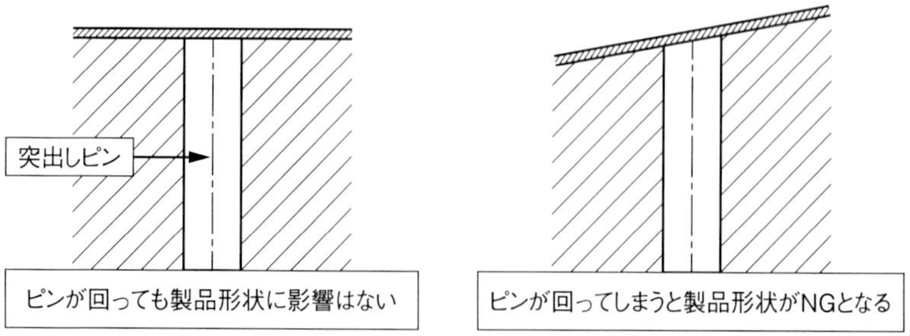

図表 4-24　回転止めの種類

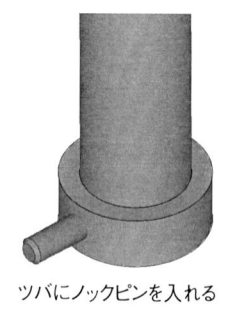

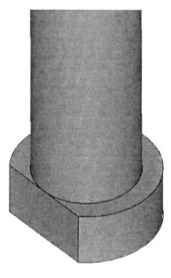

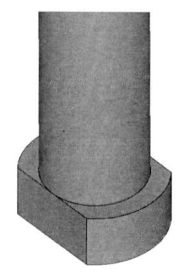

2）スリーブによる突出し

ボス形状の肉厚の部分を「スリーブピン」と呼ばれるピンでリング状に突き出す方法だ。中心が空いているスリーブピンの中に、コアピンと呼ばれるピンが入る。このコアピンは可動側の取付板に固定されているので突出し時には動くことはない。スリーブピンのみが可動して製品を突出す。

スリーブピン、コアピンともに突出しピンの時と同じで、製品形状が変化している場合には回転止めが必要になる。

3）ブロックによる突出し

「直上げコア」などと呼ばれるブロックで大きな範囲を突き出す方法。突出しピンに比べればブロックの分、加工に手間がかかるけど、そのメリットも大きい。ブロックで突き出すメリットのひとつは突き出しの跡が残りづらいこと。そのため、ピンの跡が許されない透明の製品や肉厚の薄い製品などでよく用いられる。それから、ピンよりも突き出す面積が大きいので、離形抵抗の大きい部分に対して、あえてピンではなくブロックを用いて確実に製品を突出すようにする場合もある。（**図表 4-25**）

図表 4-25　ブロックによる突出し

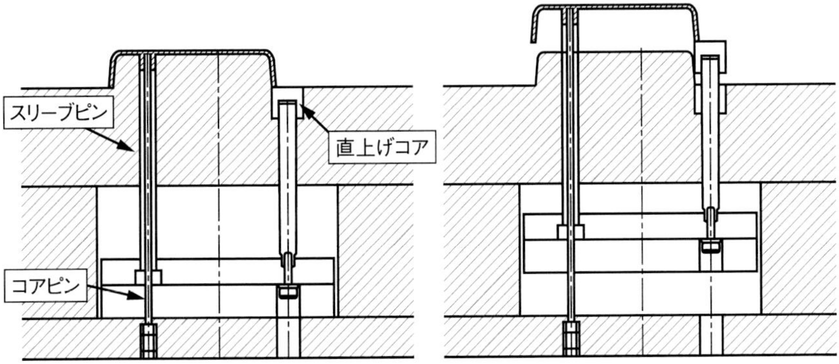

3）プレートによる突出し

🧑‍🦱 ストリッパープレートと呼ばれる板で製品の外周全体を突き出す方法。ブロック突出しと同じで突出しピンの跡が許されないような製品や肉厚の薄い製品などに用いられる。ブロック突出しが製品の一部を突き出しているのに対して、プレートによる突出しは製品全体を突き出しているので、非常にバランスのいい突き出し方法といえる。（**図表 4-26**）

👨 なら、今回はこのプレートによる突出し方法にしますか？

🧑‍🦱 と、行きたいといころだけどね。この方法の最大の欠点は金型を構成するプレートが 1 枚増えるためコストが高くなること。何事も予算があるからね…。

👨 となると、径の丸い突出しピンを設定するのがいいですかね。

🧑‍🦱 そうだね。今回はそれでいこう。
もちろん、それぞれの方法には一長一短ある。なので製品の形状や用途に応じてその都度どの突出し方法を使うのか検討する必要があるね。

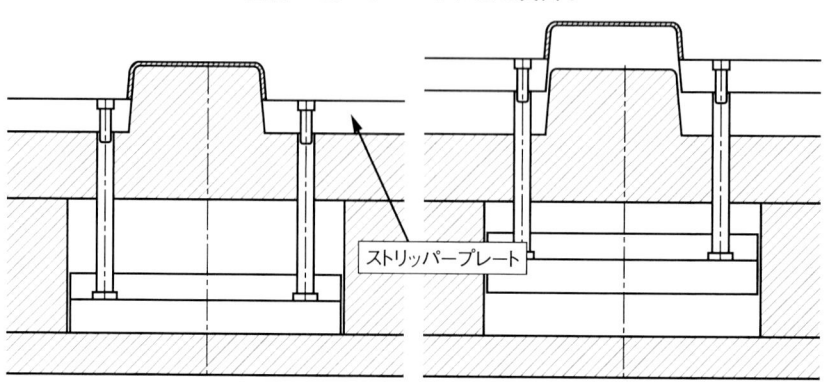

図表 4-26　プレートによる突出し

◎ポイント3　突出板を戻す機構◎

突き出された突出板はもとの位置に戻さなければならない。もし仮に突出板が突き出された状態のまま型を閉じてしまったら、固定の型板が突出しピンなどに干渉してしまい型が破損してしまうからね。

うわぁ、そうなったら目も当てられませんね…。

泣くに泣けないよね…そうならないためにも突出板は確実に戻さなければならない。その突出板を戻すのに使われるのが、リターンピン（RP）だ。

あ、そのピンは標準のモールドベースにもついてますよね。

そう、その通り！要するに必ず必要なものってことだよね。このリターンピンが他の部品に先駆けてPLに当たることで、突出板がもとの位置に戻るんだ。

？？？？？

では具体的に、型が閉じるときにまずはじめに固定側に当たるのがリターンピンだ。このリターンピンは突出しピンと同じように突出板に付いている。突出しピンとの違いは、突出しピンが製品部分に当たるのに対して、リターンピンはPLに当たる。

そのため、型が閉じるときには製品の肉厚分リターンピンが突出しピンよりも先に固定側に当たることで、固定側を突き出しピンで傷つけることなく型を閉じることができる（**図表 4-27**）。

なるほどそれでリターンピンが必要なんですね。

そういうこと。ただこのままだと理論的には型閉じは問題ないわけだけど何事も万が一ということがある。なのでより突出板の戻りを確実にするために、リターンピンにスプリングを設定することが多い（**図表 4-28**）。

図表 4-27　リターンピン

製品の肉厚分、リターンピンが先に固定側に当たり、固定側を傷つけることなく型を閉じることができる

突出しピン　　　リターンピン

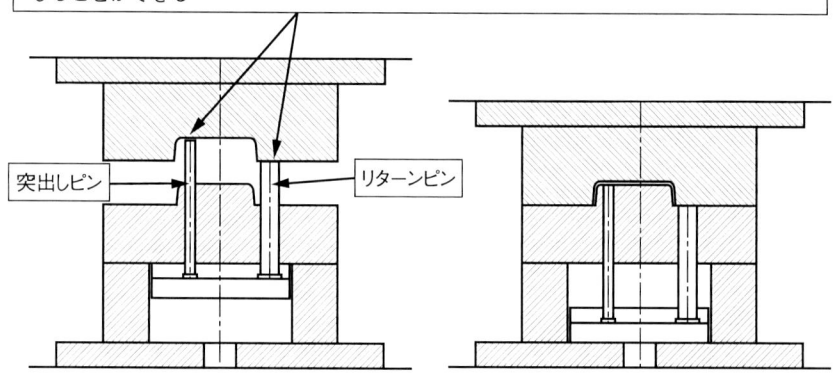

図表 4-28　スプリングの設定

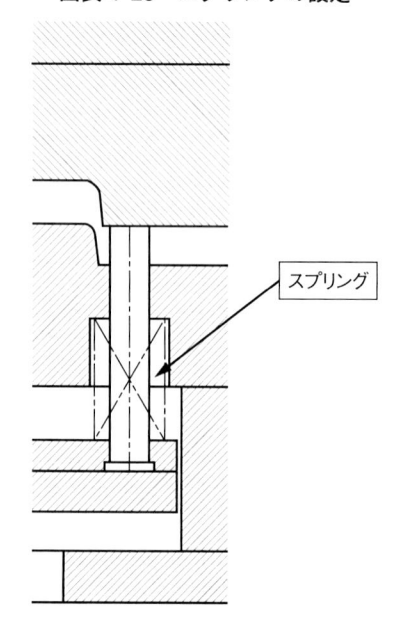

スプリング

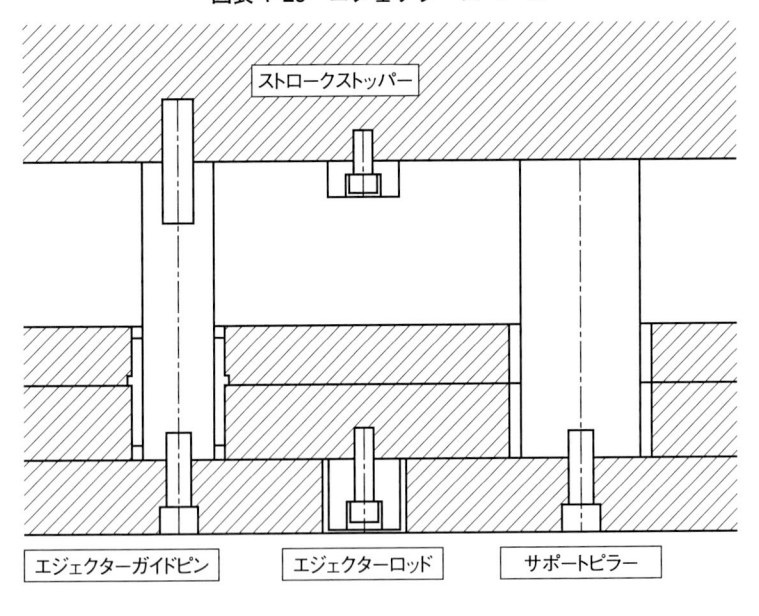

図表4-29 エジェクタースペース

　　　　ストロークストッパー

エジェクターガイドピン　　エジェクターロッド　　サポートピラー

◎ポイント4　突出スペースに入る部品◎

　この突出板が動くスペースのことをエジェクタースペースとかいうんだけど、このスペースには他にもいろいろな部品が設定される（**図表4-29**）。

エジェクターガイドピン：突出し板の動きをガイドするためのピン、ブッシュを用いる。

サポートピラー：型板がたわむのを防ぐためのピン

ストロークストッパー：突出し板のストロークを途中で止めるためのピン

エジェクターロッド：成形機のエジェクターロッドを当てるためのピン

　この部品って標準のモールドベースにはないですよね？　必ず必要ってわけではないんですか？

　うん、その通り。条件によって、使用するかしないかは決まってくるよ。

4-6 普通では抜けない形状を処理する

◎ポイント1　アンダーカットとは◎

う〜〜ん…。

おや、何を悩んでるんだ？

いや、今回の製品で、横穴や裏側にあるフランジは通常の金型の動きでは取り出すことができないんじゃないでしょうか…。

ああ、確かにこれはアンダーカットだね（3章3-5参照）。

端的にいってしまうと、今までの金型の開きではアンダーカット部分が引っかかってしまい製品を取り出すことができない。なのでこの部分に対して横方向の動きを持たせてあげるんだ。（**図表4-30**）

どのような処理方法があるんですか？

結構、いろいろな方法があるよ。ざっと上げてみても、スライドコア、傾斜コア（ルーズコア）、垂直押し上げユニット、弾性コア、置き中子、無理抜き。当然これらの方法にはそれぞれメリット・デメリットがあるので、アンダーカットの形状や製品のショット数などの条件によって最適な方法を選択しなければならない。

うへ〜、ややこしそうっすね…。

ちなみにどの方法を採用する場合でも次の2点には注意が必要になる。
①アンダーカットが確実に抜けているか
②アンダーカットの処理方向に障害物はないか
まずは、アンダーカットが確実に抜けているかだ。

4章　はじめての金型設計

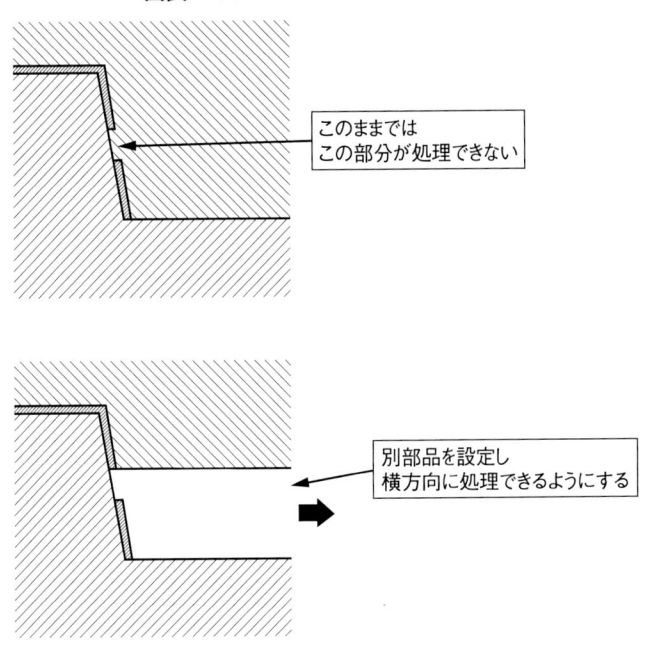

図表 4-30　アンダーカットの対処法

このままでは
この部分が処理できない

別部品を設定し
横方向に処理できるようにする

これはなんとなく意味がわかります。アンダーカットの量だけ確実に処理できているかということですよね？

そうだね。処理方法の可動量がアンダーカット量に足りなければ意味がないし、ギリギリでも危ないよね。アンダーカットを確実に処理するためには、その処理の機構でアンダーカットの量＋α の量を動かす必要がある。

それはそうですよね。

アンダーカット部分の構造が変化が激しいと抜け切られない部分が発生したりするから気をつけなければならない（**図表 4-31**）。次にアンダーカットの処理方向に障害物はないか。

図表 4-31　アンダーカットの処理機構

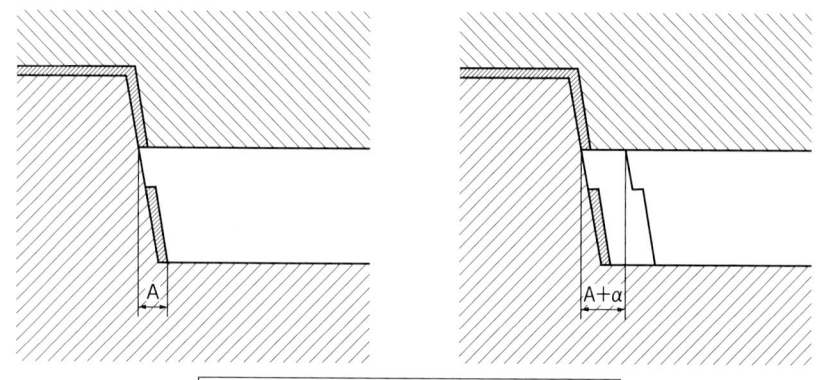

アンダーカットの処理機構は
アンダーカットの量（A）+α動かさなければならない

🧑‍🦱 これはどういうことでしょう？

🧑 例えば、**図表 4-32** ①のような形状のアンダーカットを処理する場合は図表 4-32 ②のような形で処理することになる。

🧑‍🦱 はい、そうですね。

🧑 その際、アンダーカットの処理方向、要するにアンダーカットを処理する機構の進行方向に**図表 4-33** のような感じでリブがあったらどうだろう。

🧑‍🦱 あ、リブとコマが干渉しますね！！

🧑 そう、そうなってくるとアンダーカットの処理は成立していないということになる。これを成立させるためには、コマの大きさを小さくするか、リブの位置を移動するかしなければならない。

　アンダーカットの処理をする際には、アンダーカットの量にだけ気を使うのではなく、その進行方向にも気を使わなければならないんだ。

図表4-32　アンダーカットの処理機構〜障害物があった場合

アンダーカット

アンダーカット処理のための別コマ

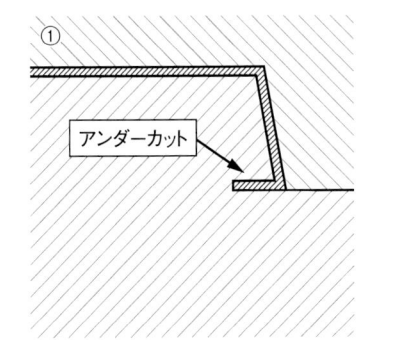

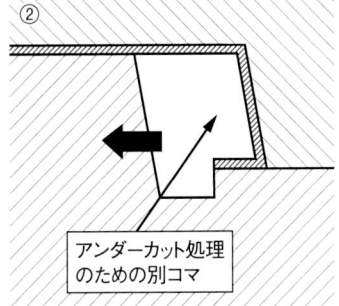

図表4-33　アンダーカットにリブがある例

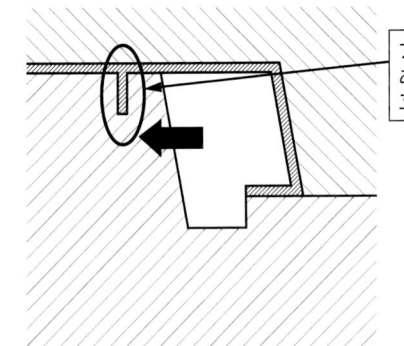

アンダーカット処理の進行方向にリブなどがあると、コマとリブが干渉してしまい処理が成立しない

これは見落としそうですね。気をつけよう…。

◎ポイント2　処理1：スライドコア◎

そんな数あるアンダーカットの処理の中でアンダーカットを外側へ抜く方法として最も一般的な方法がスライドコアによる処理だ。

👦 外側へ抜くということは、この横穴の方は適用できますけど、フランジには適用できないということですか？

👨 そういうことだね。フランジはまた別の方法で処理することになるのであとで説明するとして、まずは横穴の処理だ。この横穴を金型として成立させるためには、図表4-30の処理が必要になってくる。その処理を担うのがスライドコアと呼ばれる機構なんだ。

👦 難しそうっすね…。

👨 もう少し細かく説明していくよ。
スライドコアは金型の固定側と可動側の型開きを利用している。通常の金型の開きを利用してアンダーカットを処理できる方向にスライドコアを動かすんだ。最も一般的な形はこうだ。（**図表4-34**）

👦 ？？？？？？？？

👨 まったくわからないって顔だな。もう少し細かくスライドコアの動きを見てみよう。

①樹脂が型内に充填されている状態。型は閉じている（**図表4-35**）。
②型が開きはじめると、斜めに設定されているアンギュラーピンがスライドコアを下げる（**図表4-36**）。
③型が開ききったときには、スライドコアが完全に製品部から外れている（**図表4-37**）。

スライドの移動量はアンギュラーピンの角度と長さで決まる。アンギュラーピンの設定は確実にアンダーカットの量+αとなるように設定すること。また、金型が開いた時にスライドコアが自重で戻ってしまう可能性がある。

👦 あ、確かにこの状態ではスライドコアはフリーですね。

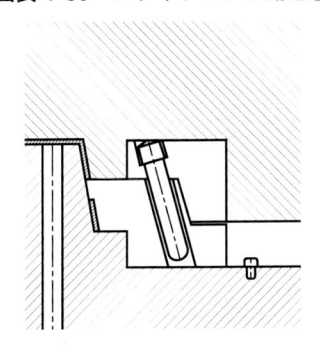

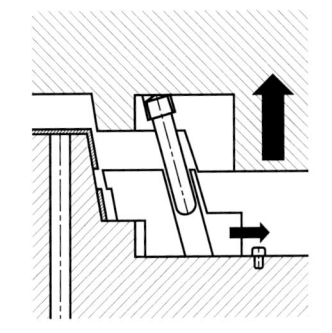

図表4-34　スライドコア

スライドコア：アンダーカット部分に設定されているコマ。型の開きによってスライドコアが稼働しアンダーカットを処理する。
アンギュラーピン：固定側に斜めに設定されたピン。このアンギュラーピンが型開きの際にスライドコアを稼働させる役目をする。
スライドストッパー：移動量以上にスライドコアが下がり過ぎてしまうのを防ぐための部品。スライドストッパーとしてはブロックやボルトなどを利用する。
ガイドレール：スライドコアが可動する際に、上下のがたつきを押さえその動きをガイドする役目をする部品。

図表4-35　スライドコアの動き①

図表4-36　スライドコアの動き②

図表 4-37　スライドコアの動き③

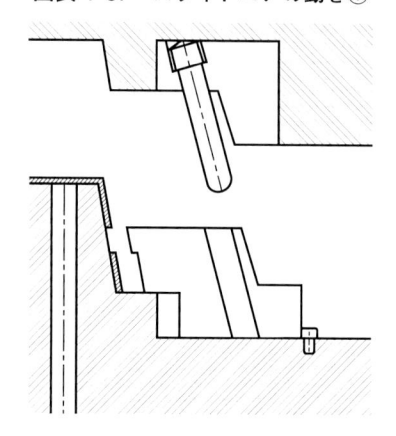

図表 4-38　スプリングの設定

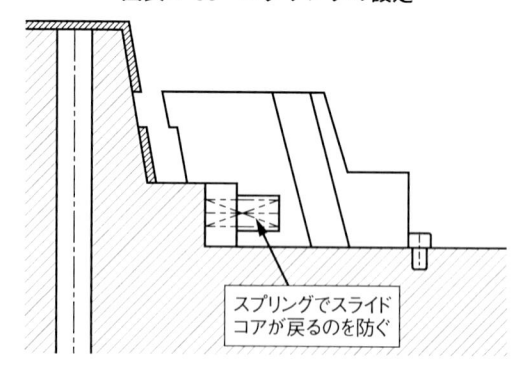

スプリングでスライドコアが戻るのを防ぐ

　　それを防ぐためにスプリングを設定する場合もある（**図表 4-38**）。

④スライドコアが製品部から完全に外れた後、エジェクターピンなどの押し出し機構によって製品を突出す（**図表 4-39**）。

⑤製品を取り出した後、型を閉じる。この時、アンギュラーピンによってスライドコアも元の位置に戻る（**図表 4-40**）。

あとはまた①からの動作を繰り返すことで成形を行っていくってわけだね。

　　おお！　なるほどこうやって横穴の処理をするんですね！！

図表 4-39　スライドコアの動き④　　　　図表 4-40　スライドコアの動き⑤

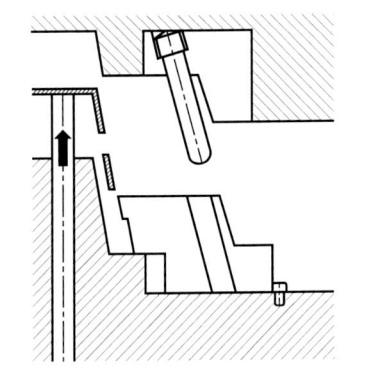

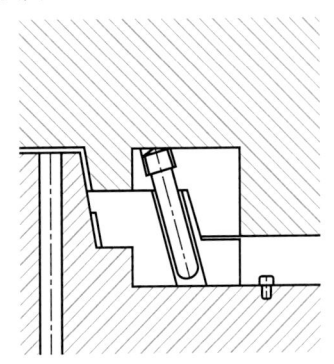

> そういうことだね。ちなみにアンギュラーピンでの処理以外にも、アンダーカット量が大きい時や製品の形状によっては、アンギュラーピンではなく油圧やエアーのシリンダーを用いて処理する場合もあるよ。

> シリンダーを用いれば金型の開きに関係なくアンダーカットの処理をできるんですか?

> そうだね。シリンダーは外部からの力で動くから金型の開きは関係ない。ただシリンダーは高価だし場所も取るので、基本はアンギュラーピンを用いて型開きを利用した処理を行う。やむをえない場合のみシリンダーでの処理になるかな。

◎ポイント３　処理２：傾斜コア◎

> スライドコアは、構造上アンダーカットを製品の外側へ処理する方法であって、次のような内側へのアンダーカットに対しては、型の開きを利用することができないため設定することができない(**図表 4-41**)。

> 確かにそうですね。ということは、別の処理方法を設定するんですか?

> その通り。アンダーカットを内側へ処理する方法を設定しなければならない。その方法として代表的なものが傾斜コアと呼ばれる処理方法

図表 4-41　アンダーカット

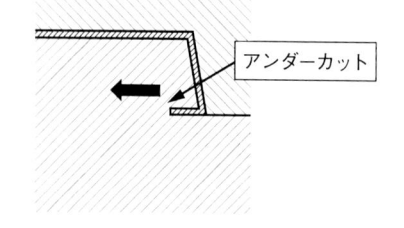

図表 4-42　アンダーカットの処理法

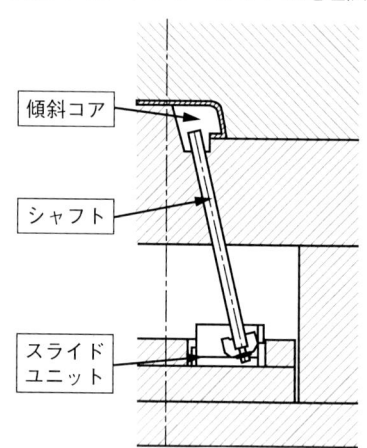

だ。傾斜コアは突出板の突出しストロークを利用してアンダーカットを処理する方法で、具体的な構造は**図表 4-42**のようになる。

- 傾斜コア：アンダーカット部分に設定されているコマ。この傾斜コアを可動させることでアンダーカットを処理する。別名ルーズコアなどとも呼ばれる。
- スライドユニット：突出板の動き（エジェクターストローク）をアンダーカットを処理する方向の動きに変換するためのユニット。このユニットについては、各金型メーカーで自作する場合もあるが、ミスミ社などの金型部品メーカーにも標準部品がある。
- シャフト：傾斜コマとスライドユニットをつなぐピン。

　同じアンダーカットの処理でもスライドコアの時とはだいぶ構造が違いますね。

　うん、そうだね。スライドコアの時には金型の開きを利用して処理をしていたわけだけど、傾斜コアでは突出し板の動きを利用して処理するんだ。具体的な動きは次のようになる。

①樹脂が金型内に充填されている状態。（**図表 4-43**）

②金型が開いた状態。この時点では傾斜コアの動きには影響はない。（**図表**

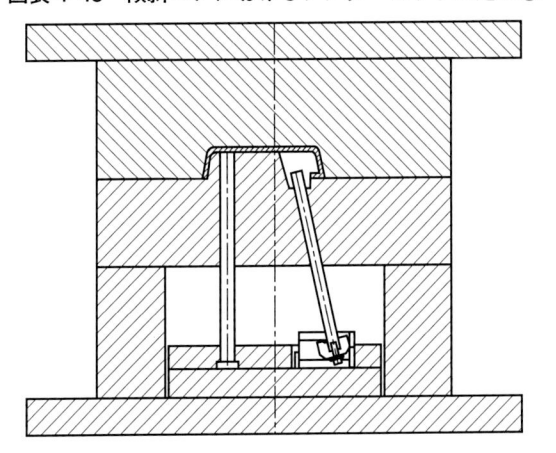

図表 4-43　傾斜コアにおけるアンダーカットの処理①

4-44）

③製品を取り出すために突出板が動く。ここでシャフトおよびスライドユニットによって突出板と連結されている傾斜コアも動きはじめる。傾斜コアは突出ピンのようにまっすぐに動くわけではなく、斜めに設定されたシャフトに従って斜めの方向に動く。（**図表 4-45**）

④突出板が完全に動ききった時には、傾斜コアがアンダーカットから完全に外れる。傾斜コアの移動量を決めるのは、突出板の移動量（エジェクターストローク）とシャフトの角度になる。突出板の移動量が大きければ大きいほど、また、シャフトの角度が大きければ大きいほど傾斜コアの移動量は増える。傾斜コアの移動量が足りないと、アンダーカット部分に傾斜コアが引っかかってしまい成形品や金型を破損してしまう原因になってしまうので注意して移動量を設定すること。（**図表 4-46**）

⑤製品を取り出した後、突出板が戻り、型が閉じる。突出板が戻るときに傾斜コアも元の位置に戻る。（**図表 4-47**）

再び樹脂が充填され①からの動きを繰りかえすことで、製品が成形されていく。

スライドコアでは②の時に動いていましたね。

図表 4-44　傾斜コアにおけるアンダーカットの処理②

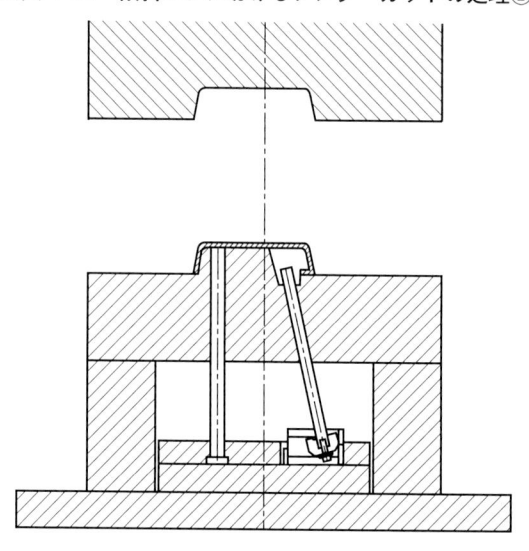

図表 4-45　傾斜コアにおけるアンダーカットの処理③

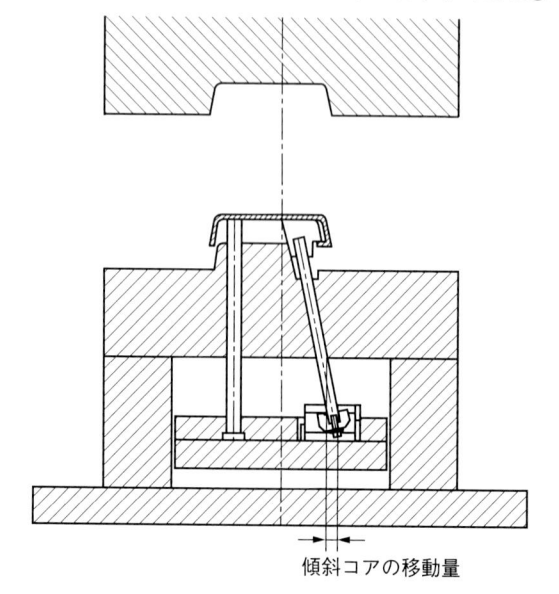

傾斜コアの移動量

4章　はじめての金型設計

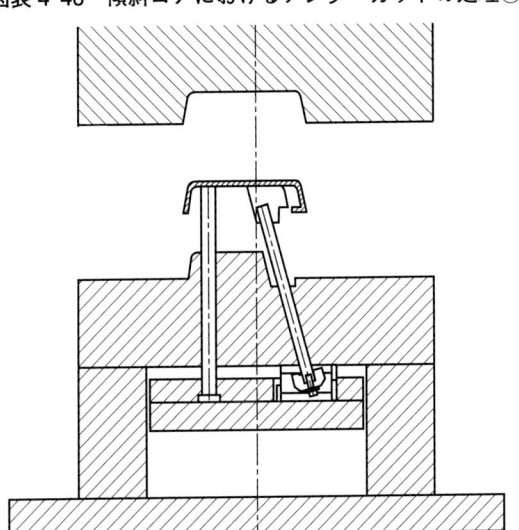

図表 4-46　傾斜コアにおけるアンダーカットの処理④

図表 4-47　傾斜コアにおけるアンダーカットの処理⑤

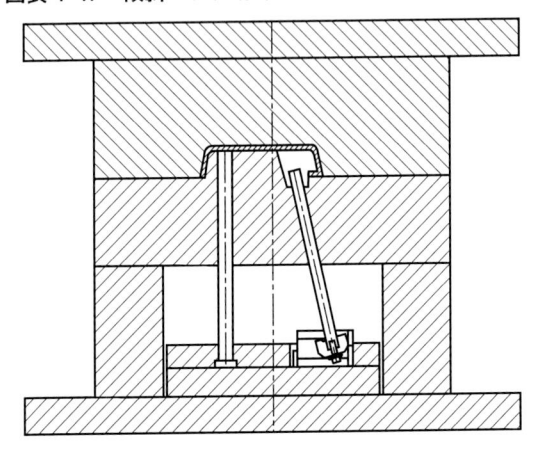

ちなみに傾斜コアで用いるシャフトは断面が丸いシャフトを使うのが一般的だが、アンダーカット部分の形状や金型の構造によっては、断面が四角いシャフトを使う場合や、シャフトとコマを一体で制作する場合もある。

◎ポイント4　処理3：その他のアンダーカット処理◎

アンダーカットの処理方法として一般的なのが以上の2つの方法だ。うちでも基本的にこの2つの方法しか使っていない。ただ、さっきもいったけどアンダーカットの処理方法は他にもある。参考までにざっくり説明をしておくよ。

お願いします。

1）垂直押し上げユニット

傾斜コアが斜めに押し上げるのに対して、垂直に押し上げることでアンダーカット処理を行うユニットだ。斜めの加工が不要になることから傾斜コアに比べて加工が簡単になる。また、傾斜コアに比べて省スペースでの処理が可能となる。（**図表 4-48**）

それなら傾斜コアよりこちらをメインに使った方がいいのでは？

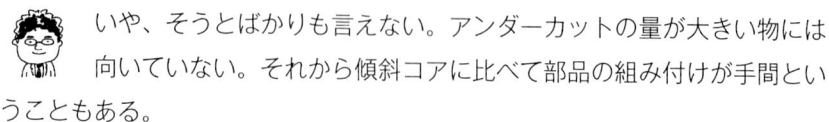

いや、そうとばかりも言えない。アンダーカットの量が大きい物には向いていない。それから傾斜コアに比べて部品の組み付けが手間ということもある。

2）弾性コア（スプリングコア）

シャフト部分を弾性力で曲げることによってアンダーカット処理をする方法だ。こちらも傾斜コアに比べて省スペースで済む。（**図表 4-49**）

金属部分を曲げてしまうってことですよね？　これって大丈夫なんですか？

4章　はじめての金型設計

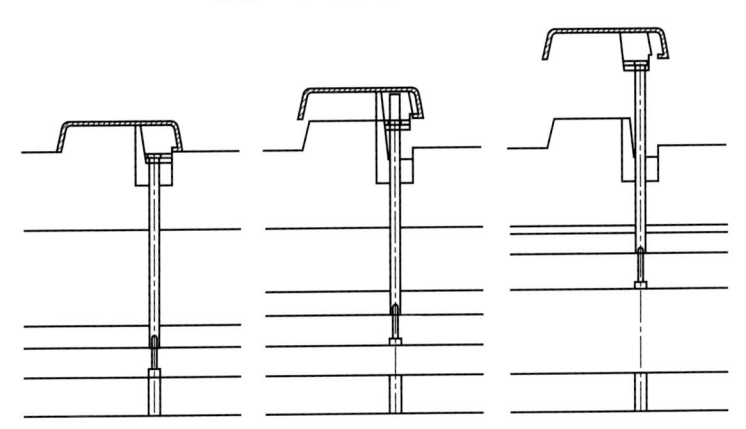

図表 4-48　垂直押上げユニット

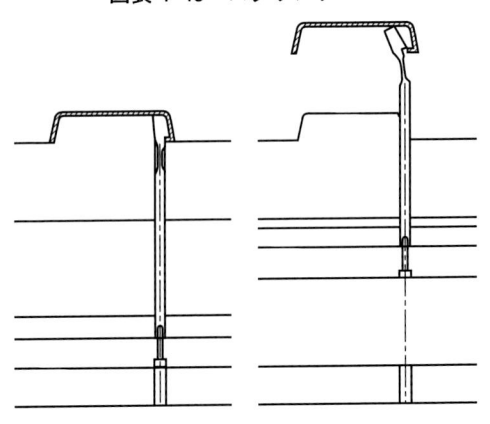

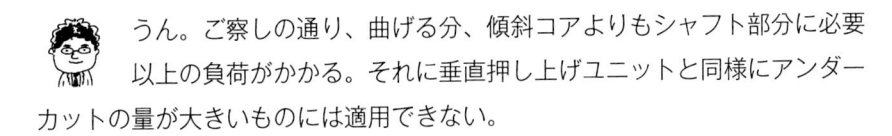

図表 4-49　スプリングコア

　　うん。ご察しの通り、曲げる分、傾斜コアよりもシャフト部分に必要以上の負荷がかかる。それに垂直押し上げユニットと同様にアンダーカットの量が大きいものには適用できない。

3）置き中子

　　突出し機構の回で紹介した直上げブロックと同じような構造の処理方法で、これまでのようにアンダーカット部分を処理するわけではない

図表 4-50　置き中子

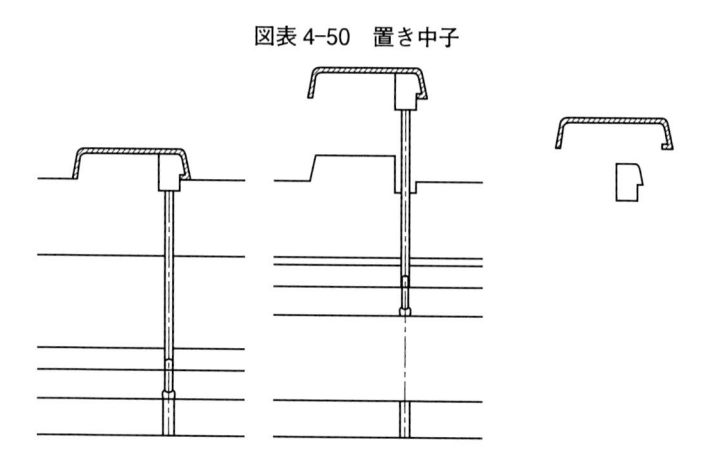

（図表 4-50）。

🧑 どういうことですか？

🧑 アンダーカット部にコマを設定し突出によって製品と一緒にコマを突出す。突出されたコマを製品から取り外し、再びコマを金型内に設置する。

🧑 ん？　本当だ。今までとだいぶ違いますね。

🧑 単純にコマをはめ込むだけだから、今までのアンダーカット処理に比べて段違いに設定がしやすい。しかし、コマをとったりはめたりするため必ず人の手が必要になってくる。なので量産には向いてなく、小ロット向けの試作型などでよく用いられる。

4）無理抜き

🧑 アンダーカットを無理やり剥ぎ取る方法だ。（**図表 4-51**）

🧑 へ？　無理やりですか！？

図表 4-51　無理抜き

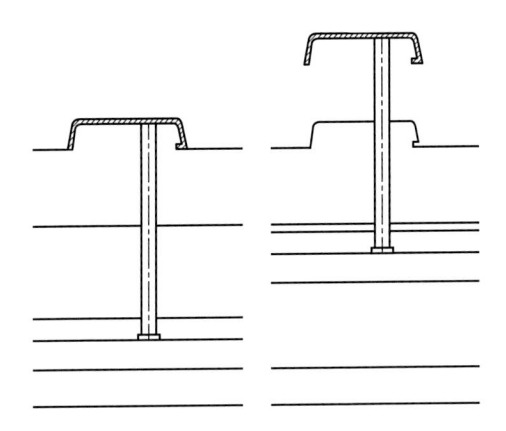

そう、特にアンダーカットに対する処理をせずに突出しの力で無理やり抜き取ってしまうんだ。

野蛮ですね…

そう、野蛮。この方法はアンダーカットの量が少ない場合には適用可能だが、量が多いとさすがに無理やり抜くことはできない。また、あくまで無理やり抜くので製品や金型へかかる負荷は他の処理方法の比じゃない。

個人的にはあんまり使いたくないなぁ…

まあ、製品の用途や形状、制作までの予算などによって最適な方法を選ぶといいよ。無理抜きは例外的になるけれど、基本的に金型で良品を取り出すためにはアンダーカットに対してなんらかの処理が必要になる。通常の動きとは異なる動きを金型に持たせることになるわけだから、金型の加工や調整には当然手間が掛かるし、その分時間もコストも掛かる。不用意なアンダーカットはできるだけ避けたいというのが本音だね。もし、製品設計で解消できるのであれば、アンダーカットのない形状に変更してもらうように提案したいところだね。

4-7 その他の部品を設計する

◎ポイント1　吊フック◎

さて、金型の設計もようやく終わりが見えてきた。あと少し頑張ってみようか。

はっはい〜。

金型は基本、鉄の固まりだよね？

そうですね。

金型を運ぶときはさすがに人が持ち上げてっていうわけにはいかないよね。

うーん、さすがに無理でしょうね…あ、部品ごとにバラバラにすれば運べますかね。

確かにばらせば運べるかもしれないけど、運ぶたびにいちいちばらして組み付けてなんて繰り返してたら時間がいくらあっても足りないよね。

まあ、現実的じゃないですよね…。

という訳で、金型を吊り上げるためのフックを設定する必要がある。

最も一般的なフックは、アイボルトと呼ばれるボルトだ。

アイボルトですか？　どのような形をしてるんですか？

4章　はじめての金型設計

図表 4-52　アイボルト

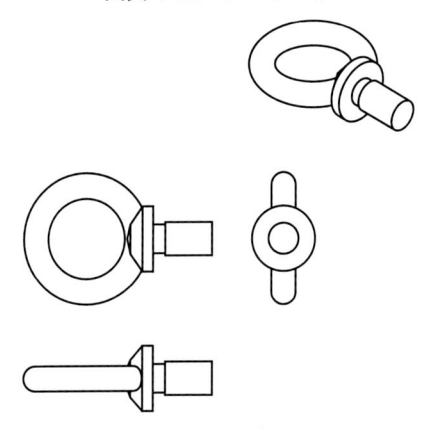

- アイボルトのアイは目を意味していて、ボルトの形は**図表 4-52** のような形になる。
- ああ、この丸い部分が目みたいってことですね。
- そうだね。この丸い部分にチェーンを引っ掛けてクレーンなどで運ぶんだ。
- おお！　これで重たい金型もらくらく運べますね！！
- うん、ただしこのボルトの設定。金型のどこにしてもいいというわけではない。

金型の吊り方は、ボルトの数で1本、2本、4本でのいずれかで吊るんだけど、2本吊りでボルトを金型のこんなところにつけたら明らかにバランスが悪いだろ？（**図表 4-53**）

- ああ、これは最悪ですね…。
- 吊りボルトの設定は金型のバランスを考えて設定するんだ。できれば、固定側が少し上向きになるのが理想だね（**図表 4-54**）。

図表 4-53　金型の吊り方〜悪い例　　　　　図表 4-54　金型の吊り方〜良い例

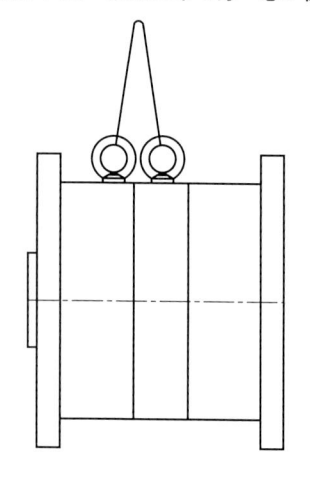

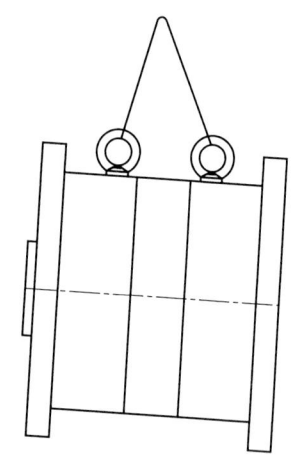

😀 それはどうしてですか？

😎 そのほうが成形機に金型を取り付けやすいからだよ。
固定側が上を向いていれば成形機に取り付ける際に非常にやりやすいが、固定側と可動側が水平…いや、水平ならまだしも可動側が上向きだと非常に成形機へ金型を取り付けにくい（**図表 4-55**）。

😀 なるほど、その辺のバランスを考慮して吊りボルトを設定すればいいんですね。

😎 そうだね。それと、冷却回路をはじめ、他の部品との干渉には注意すること。吊りフックを最後に設定したら干渉してました、じゃここまでの苦労が水の泡になってしまうからね。

😀 りょ、了解しました。

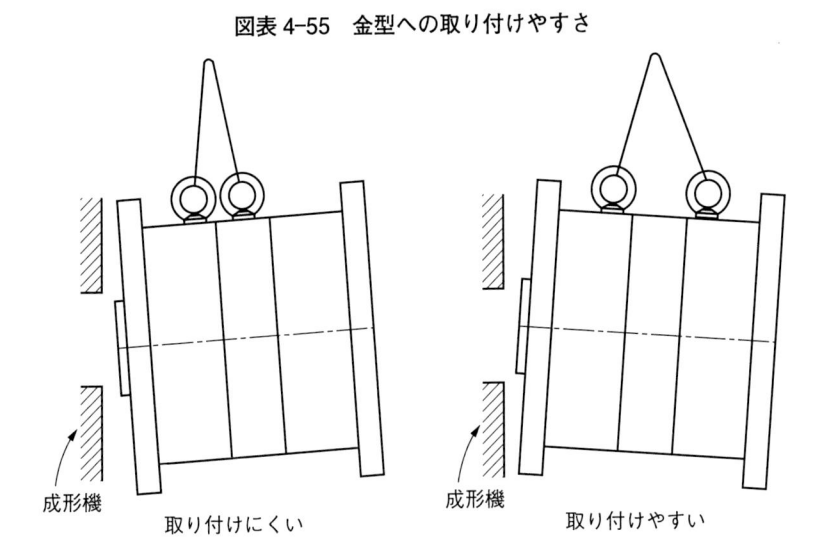

図表 4-55　金型への取り付けやすさ

成形機　取り付けにくい　　　成形機　取り付けやすい

◎ポイント２　型開き制御部品◎

あれ？

どうした？

今、吊りフックを可動側と固定側に１本ずつ、計２本設定したんですがこれをこのまま吊り上げると金型が開いてしまわないんでしょうか？？？

おお！　よく気がついたね！！　その通り。今のままだと金型は固定側と可動側で開いてしまう。吊った時に金型が開いてしまってはそれこそ大事故になってしまう。そうならないためにも開かないように型開きを制御する必要がある。

ですよね。

図表 4-56　金型の吊り方〜型開き制御部品の取り付け

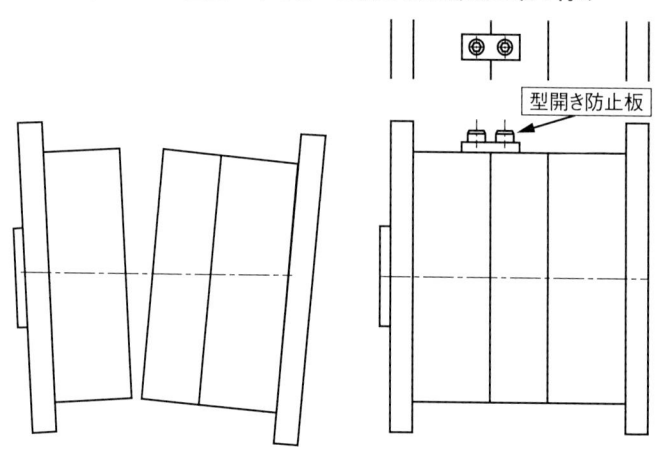

型開き防止板

🧑 というわけで、設定するのが型開き防止板だ。（**図表 4-56**）

🧑 これで安心ですね。

🧑 そうだね。というわけで、これでひと通り金型の設計に関する説明は終わりになる。今回話したのはあくまで基本的な部分なので、各金型によってこの基本を応用していく必要がでてくる。

　まあ、なにはともあれ早速今回の製品に対して金型設計をしてみうか。

🧑 わかりました。やってみます！（**図表 4-57**）

4章 はじめての金型設計

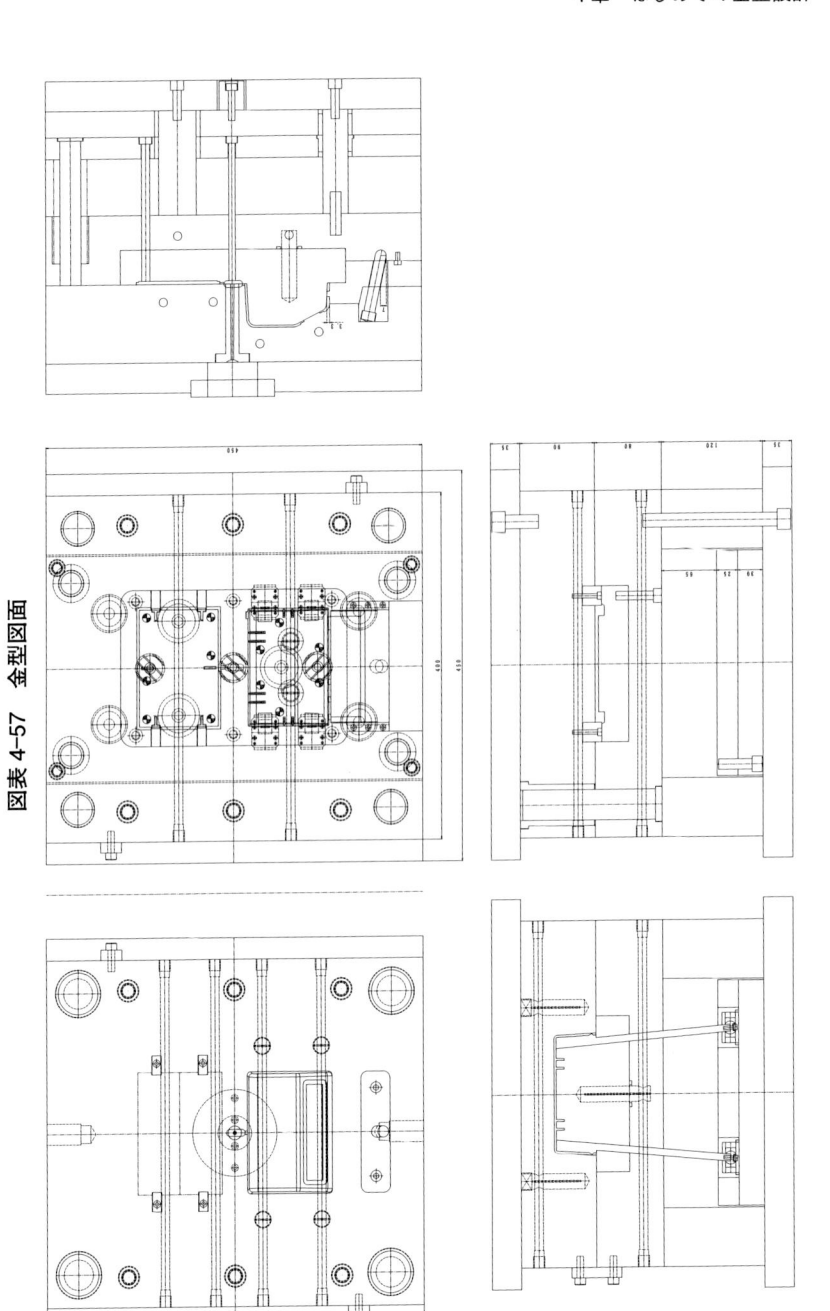

図表 4-57 金型図面

4-8 最後に完成した図面をチェックしてみる

よし！　できた！！！

お、完成かい？

はい！　ようやく金型の組立図面ができました！

ご苦労様。ただ完成してハイおしまいではさすがに危険過ぎる。設計しているのは人間なわけだからどこでどのような間違いがあるかわからない。

う…まあ、それは確かにそうですね。

というわけで、出来上がった金型図面に対してチェックをする必要がある。

しかし、チェックといっても何をどうチェックすればいいのか…。

うん、それはそうだよね。うちの場合はこのチェックシートに基づいて図面をチェックしていくんだ。（図表 4-58）

あ、チェックシートがあるんですね。

このチェックシートの項目をクリアしてはじめて金型設計が完成となるわけだね。

図表 4-58　金型設計チェックシート

金型設計チェックシート			DATA	
製品名		製品番号		

製品仕様
公差は織り込まれているか
抜き勾配は考慮されているか
収縮率は仕様通りか（S＝　　　　　）
製品のレイアウトは仕様通りか

成形機仕様
対応成形機は仕様通りか
金型の厚さは仕様の範囲内か（　　　mm）
金型の幅は仕様の範囲内か（　　　mm）
ロケートリング径は規格通りか（φ　　　mm）
スプルーブッシュのノズルRは規格通りか（R　　mm）
スプルーブッシュのノズル径は規格通りか（φ　　mm）
エジェクターロッドの位置は規格通りか

ランナー、ゲート仕様
ランナー形状は仕様通りか
ゲート形状は仕様通りか
ゲート位置は正しく配置されているか

冷却仕様
冷却のバランスはよいか
冷却に干渉物はないか

アンダーカット処理
ストローク量は適切か（アンダーカット量＋5mm）
ストロークの方向は問題ないか
ストローク方向に干渉するものはないか

突出し処理・突出しスペース
突出しのバランスはよいか
突出しNGの部分に設定をしていないか
回り止めは設定されているか
エジェクターガイドピンは必要か
サポートピラーは十分設定されているか
リターンピンのスプリングは設定されているか

その他
ガス逃げ対策はされているか
型開防止板は設定されているか
金型の吊りバランスは的確か

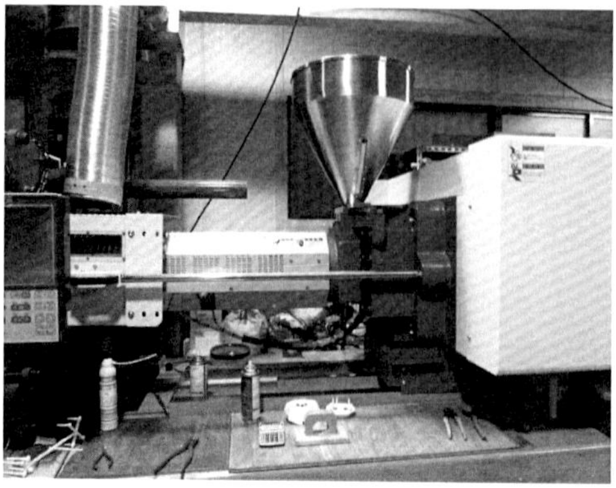

5章　設計者のための加工の基礎知識

5-1　その形状は金型で加工できるのか？
5-2　工作機械の種類

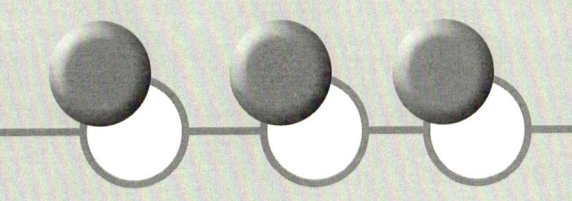

5-1 その形状は金型で加工できるのか？

せっかく描いた図面もその形に加工できなければ意味はありません。加工について知ることでより良い設計にしていきましょう。

ここまで金型設計の基本的なことをいろいろと話してきたわけだけど、どうかな？理解はできたかい？

はい、何とか、大丈夫だと思います…。

不安そうだね。まあ、後は実際の業務で経験を積んで慣れていくしかないよね。

そうですね。

ところで、図面って何のために描くのかな？

え？それはその図面を元に実際に製品を作るためですよね？

そうだね。図面はいうならば最終製品を作るための手段にすぎない。それが形にならなければその図面は絵に描いた餅。意味がないよね。

まあ、それはそうですね。

これは金型に限った事ではないけれど、図面で描いた製品をどうやって加工するのか？どうやって組み立てるのか？最終製品をイメージして加工性や組立性を考慮してこそ、その図面はいい図面といえるんだ。

要するに加工できない図面は要らんってことですかね…。

まあ、ハッキリいっちゃえばそういうことだね。図面があっても、加工はできないというのは問題外だし、加工しづらいというのもあまり

いいとはいえない。

　特に製品形状に関する部分は勝手にいじるわけにはいかないし、それなりの理由があってそういう形状をしているのかもしれないけれど、それ以外の金型を構成する形状や部品は極力加工のやりやすさを意識して設計をしたい。

　具体的にはどんなことがあるんでしょうか？

　うん、金型設計の時に説明した内容と被るところもあるんだけど、主だってあげられるのは次の3つかな。

加工性を意識して図面を確認する場合のポイント

1. 刃物のRはいくつか？
2. 刃物が届くか？
3. 障害物はないか？

　最初の刃物のRは、金型設計の時に教わりましたよね？

　そうだね。内容が被る部分について軽くおさらいするよ。

1）刃物のRはいくつか？

　使用する刃物の径より小さい凹Rは加工することができない。例えば、半径R5の刃物ではR4の凹形状は加工することができない。R4を加工するためには刃物の径がR3である必要がある。この凹Rが製品形状に関係のない部分であったり、製品として重要な意味がないのなら、凹Rの径を刃物の径より大きくすればその刃物が使えるようになる。先ほどの例でいけば、半径R5の刃物で加工するためには凹部分をR6に設定すればよいことになる。

　当然、径の大きい刃物のほうが加工はしやすいので、凹Rを加工する刃物より大きくすることで加工性は飛躍的によくなる。（**図表5-1**）

図表 5-1　Rの違いによる加工の違い

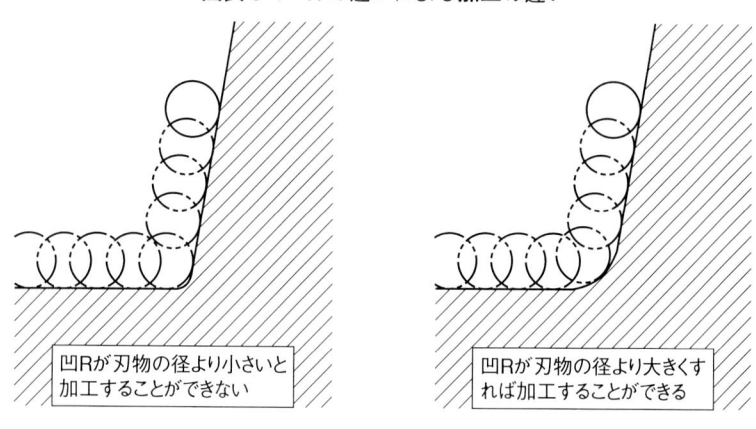

| 凹Rが刃物の径より小さいと加工することができない | 凹Rが刃物の径より大きくすれば加工することができる |

2）刃物が届くか？

深い凹形状を深く削る場合、刃物が凹の底まで届かない可能性がある。深く掘りこむ必要がある時には、凹形状の幅を広げ刃物の径を上げれば底まで届くようになる。（**図表 5-2**）

あれ？この形状って入れ子で対応できますよね？

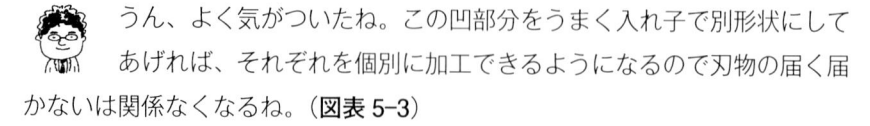

うん、よく気がついたね。この凹部分をうまく入れ子で別形状にしてあげれば、それぞれを個別に加工できるようになるので刃物の届く届かないは関係なくなるね。（**図表 5-3**）

3）障害物はないか？

刃物はまっすぐに入っていく。そのため、途中に障害物があるとその部分は削ることができない。障害物はなくす、あるいはどうしても必要なものであれば別部品として設定するといいね。（**図表 5-4**）

これは当たり前といえば当たり前のような…。

確かにこの部分だけ説明を聞けば当たり前だけれど、他の点に気をとられて設計しているとうっかりということもある。気を付けること。

5章 設計者のための加工の基礎知識

図表 5-2 深く削る場合

| 細い刃物では凹形状の底まで届かない | 形状を修正し、太い刃物で凹形状の底に届くようにする |

図表 5-3 深い形状の処理〜入れ子

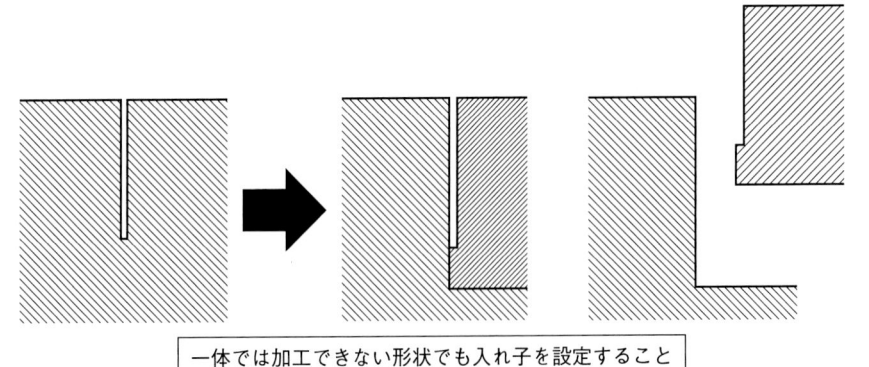

一体では加工できない形状でも入れ子を設定することで個別に加工できるようになる

図表 5-4 障害物があった場合の処理

| このままでは穴形状が加工できない | 障害となる部分をなくす。あるいは、削除することで穴形状が加工可能となる |

😀 わかりました。

😀 それと、金型の製品形状とパーティングラインの加工は大きく２段階に分けて加工するんだ。

😀 ２段階ですか？

😀 そう、それが荒加工と仕上加工。どちらも名前のまんまの意味になるんだけど、「荒加工」とは、本来の形状より何ミリか残して荒く加工すること。加工は荒いが速度は早い。

「仕上加工」とは、最終形状に仕上げる加工のこと。加工の速度は遅いがその分丁寧に加工する。

はじめから仕上加工をしていたのでは、加工時間が掛かって仕方がない。なのでまずは荒加工でザックリ形を削り。仕上げ加工で丁寧に仕上げるということになる。（**図表 5-5**）

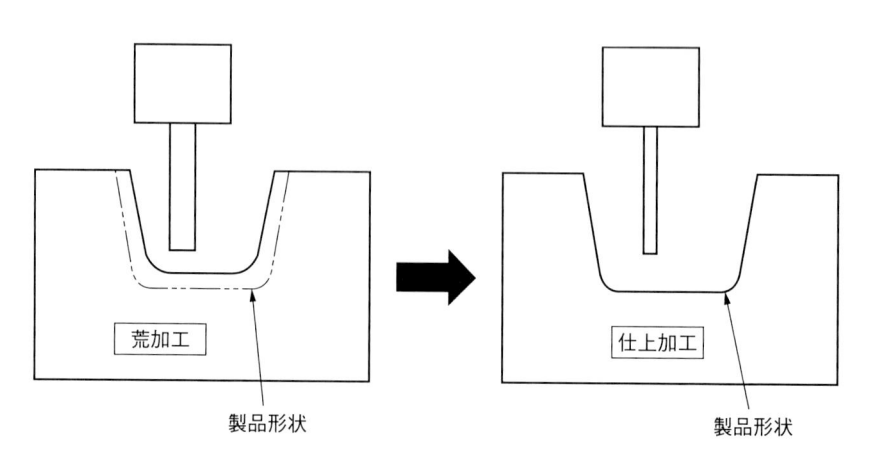

図表 5-5　荒加工と仕上加工

5-2 工作機械の種類

実際に量産に入る前に、工作機械にはどんな種類があるのか、把握しておきましょう。

1) フライス盤

丸ノコのように多数の刃を持つフライスと呼ばれる刃物を回転させて材料を加工する工作機械。刃物の種類を変えることで平面加工、溝加工、穴加工などの加工ができる。(**図表 5-6**)

2) 旋盤

円柱状の材料を回転させてそれにバイトと呼ばれる刃ものを当てて材料を削る工作機械。刃物の種類を変えることで外周加工、溝加工、ネジ切り加工などの加工ができる。(**図表 5-7**)

3) ボール盤

ドリル工具を回転させて穴あけ加工を行う工作機械。リーマ仕上げ、ねじ立てなどの加工も行うことができる。

図表 5-6 フライス盤

図表 5-7 旋盤

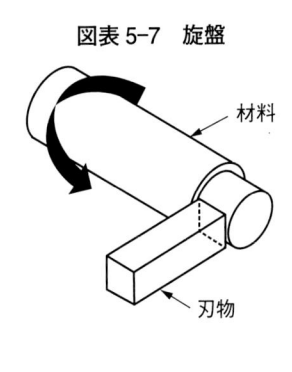

4）マシニングセンタ

1台でフライス削り、穴あけ、ネジきりなどいろいろな種類の加工を連続で行うことができるNC工作機械。それぞれの加工に必要な工具を自動で交換できる機能を備えている。

5）ターニングセンタ

旋盤を複合化したNC工作機械。旋削加工の他にフライス削り、穴あけなどの加工も行うことができる。それぞれの加工に必要な工具を自動で交換できる機能を備えている。

6）放電加工機

電気による放電エネルギーを利用して加工を行う工作機械。切削加工では難しい複雑な形状でも加工ができるため金型にはなくてはならない加工機である。

7）形彫放電加工

電極の形状によって火花で金属を彫る加工法。（図表5-8）

8）ワイヤーカット放電加工機

ワイヤーを用いて一筆書きのようにワークをカットしていく。（図表5-9）

図表5-8　形彫放電加工

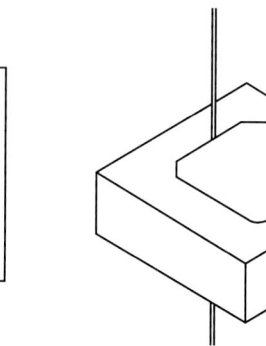

図表5-9　ワイヤーカット放電加工

6章　金型が完成、いよいよ成形

6-1　ついに量産へ
6-2　不具合対策について検討してみよう

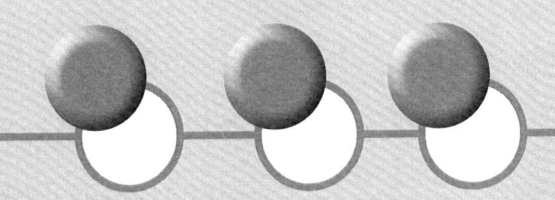

6-1 ついに量産へ

滑川さんの案件も、ついに金型が完成しいよいよファーストトライの日を迎えることとなりました。トライに立ち会うのは、今回の仕事を持ち込んだデザイナーの滑川くん、金型の設計・製作をした木杉くん、そして落守さん。成形を担当してくれるのはベテランの剛山さんです。

> さあ、いよいよ成形だ。ファーストトライはいつになってもドキドキするね。

> いやー、楽しみです。

> 緊張しますね。

> さて、今回行う成形はファーストトライ。要するに初めて行う成形になる。このファーストトライですべてうまく行けばそれは最高だけど

なかなかそうはいかないのが現実だ。

なのでファーストトライで成形された製品を検証して、金型に修正を加えて量産に向けた成形を行うことになる。

射出成形で成形された製品に対する不具合の原因は、成形時の条件を調整して解決できる場合も多々ある。

> 成形条件というとどんなモノがあるんですか？

> その辺は剛山さんに説明して貰おうか。剛山さん、軽くお願いします。

> あー、射出成形機で成形を行う時にはさまざまな条件出しをしなければならない。例えば、ざっと上げてみても次のような項目がある。

射出成形機における成形条件
　射出圧（充填圧力）
　射出速度
　樹脂温度
　型温度
　保圧
　保圧時間
　スクリュー回転数

　すごい…こんなにいろいろな項目に気を遣って成形するんですね。

　まあな。細かい話は省略するが製品の形状や金型構造・樹脂の種類など、いろいろな要因で最適な条件は違う。それを見つけて成形をするのが俺の仕事ってわけだな。

　今から射出成形で起こりやすい不具合の現象について説明していく。成形品の不具合の原因は、製品形状、金型構造そして成形条件。それぞれに可能性がある。

　そのために、不具合対策は多面的に検討しなければならない。もっとも、今回は成形の説明に関しては剛山さんにお任せして、2人の本分である製品設計、金型設計の視点から不具合対策について説明する。

　射出成形の際に、よい条件を出しやすくするためにも製品や金型の設計には気を使いたいよね。

　　　　よろしくお願いします！

6-2 不具合対策について検討してみよう

成形時に具体的にどのような不具合が起こるのでしょうか。主な不具合とその対策について見ていきます。

1）キャビ取られ

> まずは「キャビ取られ」と呼ばれる現象だ。

> キャビ取られ…固定側に取られるってことですか？

> うん、その通り。成形品がキャビ（固定側）に張り付いてしまう現象のことをいうんだ。通常なら、金型が開いた時に製品はコア（可動側）についている。

> 確か、突き出しピンなどの突出し機構で突き出すことで製品を金型から取り出していましたね。

> そうだね。
> キャビ取られは、製品形状によるところが大きい。収縮の関係で固定側と可動側のどちらに食い付きやすいか判断し、可動側に食いつくように設定する。どうしても、固定側に食い付きそうな時は可動側にあえてアンダーカットを設けて引っかかりを付けてあげる。

2）ソリ

> 長尺ものの製品によく見られる現象で"ソリ"と呼ばれる現象がある。これはそのままズバリ、製品が反ってしまう現象のこと。当然、本来求めた製品と違う形状になってしまっているわけだから、これは不具合となる。（図表6-1）

> そういえば、うちで関わった案件で板状の製品を成形した時に製品が反ってしまったことあります…。

この"ソリ"がなぜ発生するのかというと樹脂の収縮の差が大きい場合に生じるんだ。

例えば、長尺ものの製品の場合、同じ収縮でも製品の中心と先端では収縮する量がまったく異なる。また、肉厚が不均一の場合にも肉厚の薄い部分と厚い部分で収縮の差が生じてしまい"ソリ"が発生してしまう場合もある。

どうやって対策すればいいんでしょう？

製品設計での対策としては、ソリに対してリブなどを設定し変形を防ぐという方法がある（**図表 6-2**）。それからこれは他の不具合にもいえることだけど、極力製品の肉厚を一定にすることが大切になる。

金型設計では、冷却効率を均一にすることが重要となる。それから、ゲートの位置やサイズにも影響が出やすい。

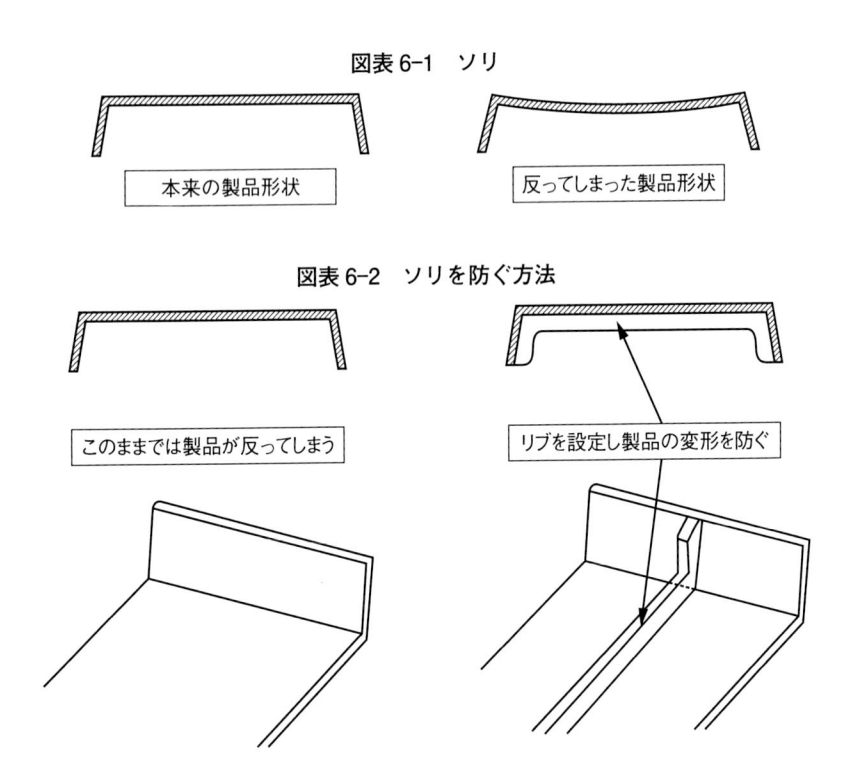

図表 6-1　ソリ

本来の製品形状

反ってしまった製品形状

図表 6-2　ソリを防ぐ方法

このままでは製品が反ってしまう

リブを設定し製品の変形を防ぐ

図表 6-3　ソリを見越した製品形状

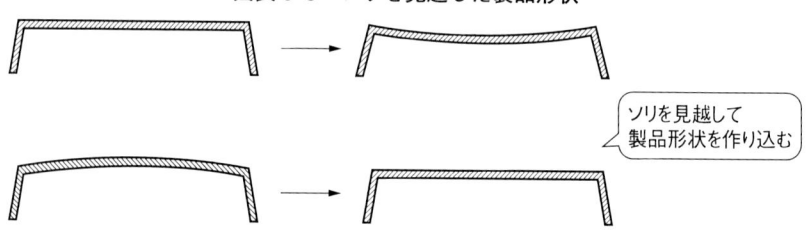

ソリを見越して製品形状を作り込む

　あるいは製品が反ることを見越してあらかじめ逆方向に反った形状で金型を作成し製品になった状態でちょうどいい寸法にする場合もある（**図表 6-3**）。ただし、事前にソリの量を計算して求めることは難しいんだ。そこで、この方法は実績値が必要となる。

3）ショートショット

　樹脂が全体に万遍なく充填されなかった状態をショートショットという。製品で見ると製品の一部が欠けている状態になる。（**図表 6-4**）

　あっ、入れ子の設計のところで少し話題になりましたね。

　そうだね。ショートショットの原因として考えられるのは大きく2つある。

ショートショットの原因
1. 樹脂が流れる過程で金型内に空気が溜まってしまった場合
2. 樹脂が金型内部を流れる途中で固化してしまった場合

　ショートショットの主な対策となるのが入れ子などを設定して空気をたまらないようにすること。また、エアベントと呼ばれるガス逃げを設定することも重要だ（**図表 6-5**）。それから製品形状については、やはり肉厚の変化がポイントとなる。急激に肉厚が薄くなってしまっては樹脂は固化しやすくなる。肉厚は薄すぎず極力均一に、が基本となる。

図表6-4　ショートショット

| 本来の製品形状 | ショートショット |

図表6-5　ショートショットの対処法〜エアベント

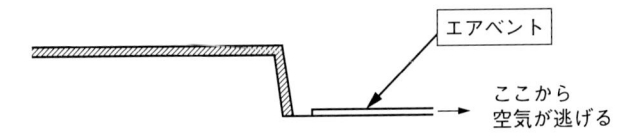

エアベント
ここから空気が逃げる

4）ウェルドライン

　　射出成形の成形品には線が出てしまうことが多い。この線のことをウェルドラインという。（**図表6-6**）

　　線ですか？その線は消すことはできるんですか？

　　ウェルドラインは樹脂の流れによって生じる現象なので完全に消すことは難しい。例としては次のようなドーナツ型の製品がわかりやすいんじゃないかな。

　　消せないのは仕方がないと諦めるしかないんですか？

　　うーん、消せないとはいえ、本来ラインのない位置にラインが出てしまえば外観不良になるわけだし、ウェルドラインが発生する場所は強度が落ちる。そこで、重要な部分にはラインが出ないようにする必要がある。

　　そんなこと可能なんですか？

図表 6-6　ウェルドライン

樹脂の流れが合わさる部分に
ウェルドラインが生じる

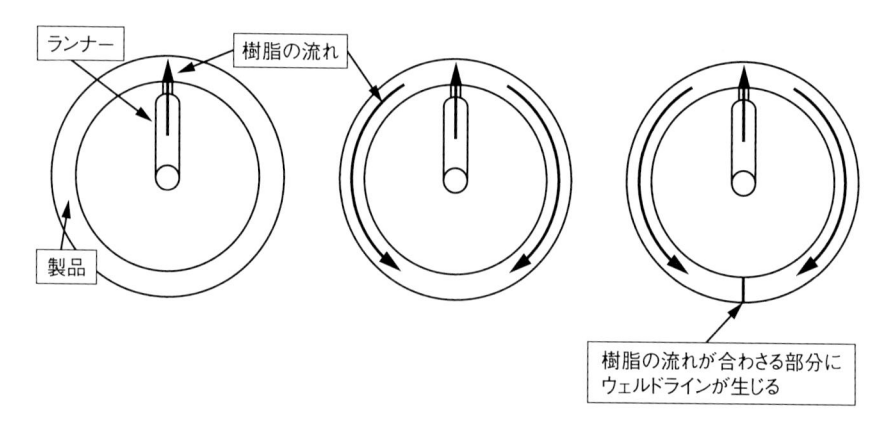

図表 6-7　ウェルドラインの位置

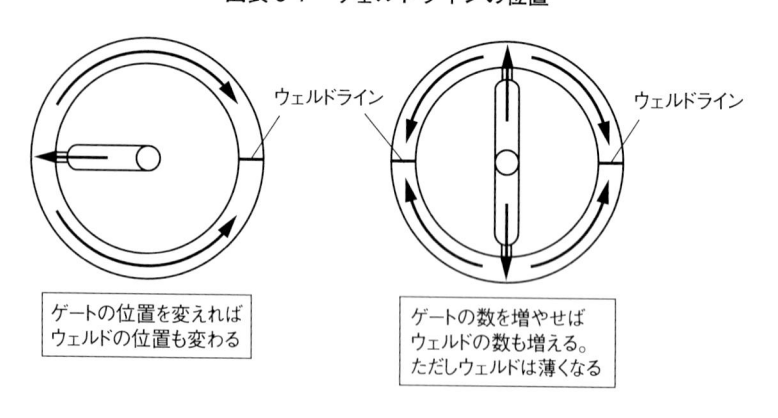

ゲートの位置を変えれば
ウェルドの位置も変わる

ゲートの数を増やせば
ウェルドの数も増える。
ただしウェルドは薄くなる

　うん、ウェルドラインはゲートの位置や数である程度調整が可能なんだ。この位置を調整して影響の少ないところにウェルドラインを出すようにすればいい。（**図表 6-7**）

　なるほどわかりました。

図表 6-8　バリ

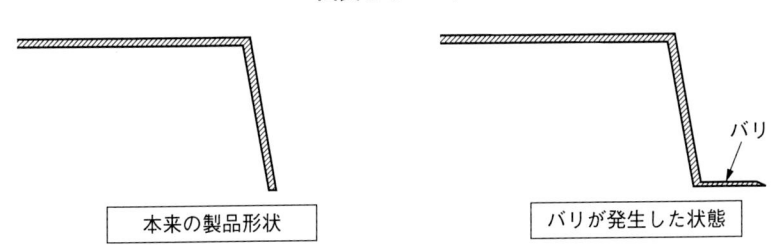

| 本来の製品形状 | バリが発生した状態 |

5）バリ

製品形状から樹脂がはみ出してしまった状態をバリという（**図表 6-8**）。わかりやすいイメージとしては、たい焼きで生地がはみ出てる場合があるだろう？あれがバリということになる。

たい焼きだとお得な感じがしますけど、実際の製品で出てしまうとちょっと嫌ですね…。

だね。バリの発生する原因としては大きく 2 つある。
1 つ目は、成形機の型締力（金型を締め付けようとする力）より、金型にかかる樹脂の力が大きい場合。成形時に金型が開いてしまいバリを生じるんだ。樹脂の力はその製品の投影面積から求めることができるのでその値を元に必要な型締力を求めるとよいね。

あ、それって以前少し教わりましたね（第 1 章 1-1 参照）

うん、そうだね。もう 1 つが、金型自体に隙間があった場合。例えば、可動と固定の合わせや、入れ子などに隙間があった場合にはそこに樹脂が入り込んでしまいやはりバリを生じてしまう。

6）ヒケ

製品がえくぼのようにへこんでしまう現象をヒケというんだ。（**図表 6-9**）

図表 6-9　ヒケ

本来の製品形状　　　　ひけている状態

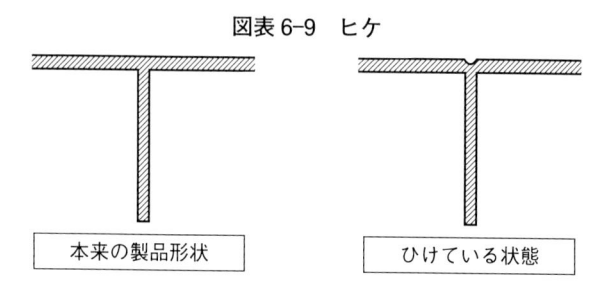

図表 6-10　肉盗み

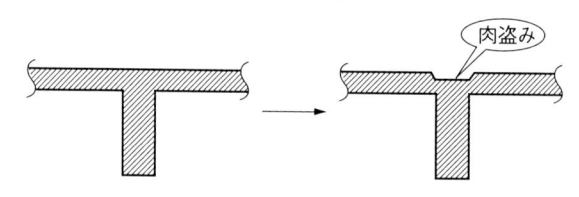

肉盗み

　なるほど、へこんでいる状態ですね。

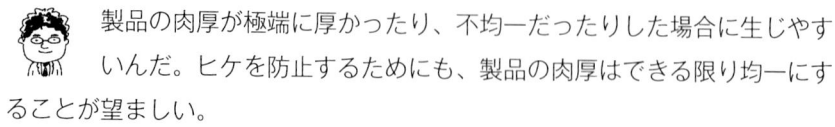

　製品の肉厚が極端に厚かったり、不均一だったりした場合に生じやすいんだ。ヒケを防止するためにも、製品の肉厚はできる限り均一にすることが望ましい。
　それに、リブやボスなどがある場合には特にヒケが出やすい。防止対策として肉盗みを設定するといいよ。

　「肉盗み」とは何ですか？

　肉盗みというのは、製品の一部の形状を盗む、要するに薄くすることをいうんだ。そうすることで、肉厚を調整してヒケを防ぐんだ（**図表6-10**）。

7）ボイド

　製品の中に気泡が発生してしまう現象。原因はヒケと同じ理由で、製品の肉厚が厚かったり、不均一だったりすると生じてしまう。（**図表**

図表 6-11　ボイド

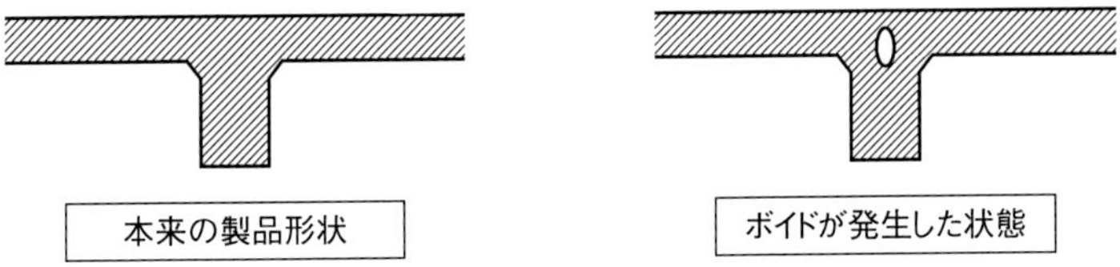

本来の製品形状　　　　　ボイドが発生した状態

6-11)

あれ？ヒケは製品の表面に出るからわかりやすいですけど、このボイドって一見分からなくないですか？

そうその通り。製品が透明であればすぐわかるけどね。そうでもなければ実は気づかずにそのまま量産してしまうケースもあるよ。ただ、当然ながら製品の強度は落ちる。

どうやって対策すればよいのですか？

ボイドが発生する理由はヒケと同じなので、肉厚の均一化、肉盗みの設定などをすると良い。

8) シルバーストリーク、フローマーク、ジェッティング

実は、製品に予期しない模様が出てしまうことがあるんだ。

模様ですか？

うん。代表的なのが、シルバーストリーク、フローマーク、ジェッティングの3つだ。（**図表 6-12**）

シルバーストリーク：成形材料の中にある空気や揮発ガスが原因で銀色のすじ状の模様が発生する現象

フローマーク：成形材料が冷えて固まり、あとから流れ込んでくる材料に押されてしま模様などの跡が出てしまう現象

図表 6-12　製品に出てしまう模様の種類

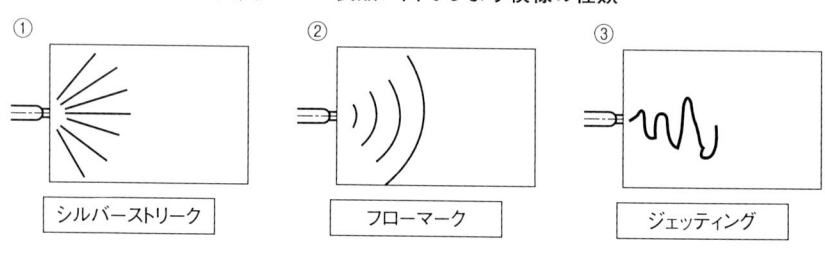

① シルバーストリーク　② フローマーク　③ ジェッティング

ジェッティング：ゲートから出た成形材料が蛇行して「くねくね模様」が現れる現象

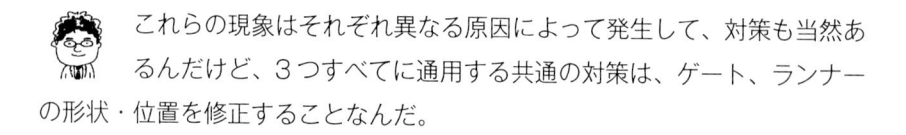

> これらの現象はそれぞれ異なる原因によって発生して、対策も当然あるんだけど、3つすべてに通用する共通の対策は、ゲート、ランナーの形状・位置を修正することなんだ。

9）白化現象

> 製品の一部に無理な力がかかって白くなってしまう現象のことを白化という。

例えばアンダーカットを無理抜きしたり、肉厚は極端に薄いところを突出したり、突出しピンの径が細い場合など製品への負荷が大きくなると生じやすい。これを防ぐには、原因となる逆の対応をすればいい。

> 逆ですか？

> 要するに、無理抜きを避け、肉厚が十分なところを突出し、突出しピンの径もそれなりに太いピンを使用するようにするってこと。

> なるほど。

10）焼け

焼けはイメージしやすいかな。製品の一部が黒く焦げることだ。

焦げちゃうんですか？

そう、焦げちゃう。金型内の空気の逃げが不十分だと、射出時にその空気が高温になり製品が黒く焦げてしまうんだ。

空気の逃げが不十分ということは…入れ子やエアベントを設定して十分な空気の逃げ対策を施す必要があるってことですね。

そう！そういうこと。

11）その他の成形時に見られる不具合

ここからはあまり設計的な問題ではないけれど、成形時に見受けられる不具合について少し触れておくよ。

光沢不良：製品表面が本来の光沢を失った状態
色 む ら：製品の色が均一でない状態
異物混入：製品に成形樹脂材料以外のものが混入してしまう現象。樹脂自体に混入してしまう場合や成形中に混入してしまうことが多い

なんというか、本当にいろいろな問題があるんですね…。

そうだね。設計者としてはこれらの不具合が起こらないような設計をすることが大切だね。

こうして測定器のファーストトライが終わりました。ここで成形された製品を検査し、必要に応じて金型に修正を加えて量産に移行します。

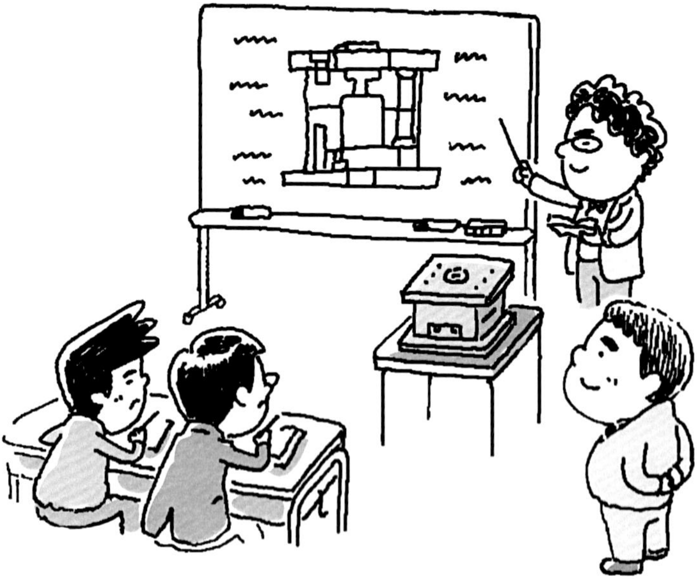

索 引

【英数】

2プレート金型	25, 29
3プレート金型	34, 36
Dカットピン	112
Oリング	106

【あ】

アセンブリ	12
アンギュラーピン	123
アンダーカット	44, 61, 64, 118
入れ子	95, 104
ウェルドライン	86, 157
エジェクターストローク	109
エジェクタープレート	27
エジェクターピン	27, 110
エジェクターロッド	88, 109
置き中子	131
オーバーラップゲート	92

【か】

ガイドレール	123
型締力	22, 24
型開き防止板	138
型彫放電加工機	150
可動側型板	25
カルフォーンゲート	93
幾何公差	73
傾斜コア	125
ゲート	86, 92
公差	44, 73
勾配	53
コッター	121
固定側型板	25

【さ】

サイドゲート	92
サブマリンゲート	93
サポートピラー	117
ジェッティング	161
直上げコア	113
射出成形金型	11, 20
射出成形機	20
シャフト	126
ジャンプゲート	92
収縮率	81
樹脂	38
ショートショット	86, 156
シルバーストリーク	161
白化現象	111
垂直押し上げユニット	130
ストリッパープレート	114
ストロークストッパー	117
スプリングコア	131
スライドコア	122
スライドストッパー	123
スライドユニット	126
スリーブピン	113
旋盤	149
ソリ	55

【た】

ダイレクトゲート	92
ターニングセンタ	150
弾性コア	130
突出板	29, 109
突出し機構	109
テーパー	53
投影面積	23

トンネルゲート	93

【な】

肉盗み	160
抜き勾配	44, 46

【は】

バッフルボード	105
パーティングライン（PL）	44, 59
バナナゲート	93
バリ	61, 159
ヒケ	55, 159
ピンゲート	93
フィルムゲート	94
フライス盤	149
フラッシュゲート	94
フローマーク	161
放電加工機	150
ボイド	55, 160
ボール盤	149

【ま】

マシニングセンタ	150
無理抜き	132
モールドベース	25, 27

【や】

焼け	163

【ら】

ランナー	89

離型性	48
離型抵抗	111
リターンピン	31, 115
両側カット	112
冷却回路	102
冷却タンク	104
ロケートリング	88

【わ】

ワイヤーカット放電加工機	150

参考文献

「よくわかるプラスチック射出成形金型設計」福島 有一、日刊工業新聞社（2002/11）

「図解 射出成形金型トラブル解決 100 選」青葉 堯、工業調査会（1996/08）

「新人製品設計者と学ぶプラスチック金型の基礎」伊藤 英樹、日刊工業新聞社（2011/01）

「新しい機械の教科書」門田 和雄、オーム社（2004/06）

仕様と寸法図　金型通信社
http://www.kananet.com/cdr-sun99.htm

アイティメディア　MONOist
金型設計屋 2 代目が教える「量産設計の基本」
http://monoist.atmarkit.co.jp/mn/kw/kyanagata.html

金型設計屋 2 代目が教える「金型設計の基本」
http://monoist.atmarkit.co.jp/mn/kw/kyanagata2.html

●著者略歴

落合　孝明（おちあい　たかあき）

1973年生まれ。2010年に株式会社モールドテック代表取締役に就任（2代目）。現在、本業の樹脂およびダイカスト金型設計を軸に、中小企業の連携による業務の拡大を模索中。「全日本製造業コマ大戦」の行司も務める。また、東日本大震災をうけ、製造業的復興支援プロジェクトを発足。「製造業だからできる支援」を微力ながら行っている。

NDC 566

金型設計者1年目の教科書

2014年 3月25日 初版1刷発行
2020年 4月10日 初版5刷発行

定価はカバーに表示してあります。

ⓒ著　者	落合孝明	
発行者	井水治博	
発行所	日刊工業新聞社	〒103-8548 東京都中央区日本橋小網町14番1号
	書籍編集部	電話03-5644-7490
	販売・管理部	電話03-5644-7410　FAX 03-5644-7400
	URL	http://pub.nikkan.co.jp/
	e-mail	info@media.nikkan.co.jp
	振替口座	00190-2-186076

写真協力	㈱ミヨシ
印刷・製本	新日本印刷（POD4）

2014 Printed in Japan　　落丁・乱丁本はお取り替えいたします。
ISBN　978-4-526-07217-8 C3053
本書の無断複写は、著作権法上の例外を除き、禁じられています。